DIE NIBELUNGENBRÜCKE IN WORMS AM RHEIN

DIE NIBELUNGENBRÜCKE IN WORMS AM RHEIN

DIE NIBELUNGENBRÜCKE IN WORMS AM RHEIN

FESTSCHRIFT
ZUR
EINWEIHUNG UND VERKEHRSÜBERGABE
DER NEUEN STRASSENBRÜCKE ÜBER DEN RHEIN
AM 30. APRIL 1953

1953

HERAUSGEGEBEN VON DEM OBERBÜRGERMEISTER DER STADT WORMS

Springer-Verlag Berlin Heidelberg GmbH

ISBN 978-3-642-49420-8 ISBN 978-3-642-49699-8 (eBook)
DOI 10.1007/978-3-642-49699-8

Die neue Nibelungenbrücke

DER BUNDESMINISTER FÜR VERKEHR

Die Stadt Worms ist aus den ältesten Zeiten deutscher Geschichte und durch unsere schönste und ergreifendste Sage jedem Deutschen bekannt. Sie war Tagungsort vieler entscheidender Reichstage im Mittelalter. Berühmte deutsche Männer zählten zu ihren Bürgern. Bis in unsere Tage ist sie ein Platz regen wirtschaftlichen Lebens und außerdem Hüterin des großartigsten deutschen Domes im romanischen Stil und zahlreicher anderer Kostbarkeiten einer von echtem Kulturbewußtsein durchpulsten Vergangenheit. Der letzte Krieg hat ihr wie vielen anderen historisch bedeutsamen Städten rechts und links des Rheines schwere Schäden zugefügt. Dabei wurden auch die lebenswichtigen Verbindungen zwischen dieser Stadt und dem östlichen Rheinufer zerstört.

Nach den Jahren der Vernichtung mußten wir an den Wiederaufbau auch dieser Brücken denken, um dem Lande beiderseits des Rheins und vor allem der Stadt Worms die notwendigen Entfaltungsmöglichkeiten zu geben und die Verbindung zum westlichen Nachbarland zu pflegen.

Um den stetig wachsenden Verkehrsanforderungen in den Nachkriegsjahren auf Schiene und Straße gerecht zu werden, wurde zunächst behelfsmäßig eine kombinierte Eisenbahn- und Straßenbrücke errichtet. Jedoch war die gleichzeitige Benutzung der Brücke durch beide Verkehrsträger nicht möglich. So ergaben sich infolge der ständigen Zunahme des Verkehrs bereits nach kurzer Zeit große Schwierigkeiten. Ich habe daher den von der Stadt Worms geäußerten mir insbesondere durch L. C. Freiherrn Heyl immer wieder nahegebrachten Wunsch, die zerstörte Straßenbrücke wieder aufzubauen, nach Kräften unterstützt. Der Bund hat einen erheblichen Teil der Kosten übernommen und die Inangriffnahme des Baues entscheidend gefördert.

Den gemeinsamen Bemühungen der obersten Straßenbaubehörden der Länder Rheinland-Pfalz und Hessen, der ausführenden Baufirma und der Abteilung Straßenbau meines Ministeriums ist es gelungen, ein in seiner Konstruktion neuartiges und kühnes Bauwerk zu schaffen, das bereits während seiner Herstellung die Aufmerksamkeit der in- und ausländischen Fachwelt auf sich gezogen hat, und, wie ich hoffe, auch in Zukunft kraftvoll Zeugnis für deutsche Ingenieurkunst und friedlichen deutschen Aufbauwillen ablegen wird. Möge diese Brücke, die an einer historischen Übergangsstelle des Rheins erbaut wurde, richtungsweisend für den modernen Brückenbau in aller Welt werden.

Mit diesem Wunsche grüße ich die alte deutsche Stadt Worms und beglückwünsche sie zu ihrer neuen „Nibelungenbrücke", die zugleich ein Symbol dafür ist, daß wir nicht nachlassen wollen, uns für ein ungeteiltes Europa und für das Recht aller Europäer, besonders aber unserer deutschen Heimatvertriebenen, auf ein friedliches Leben und Arbeiten in ihrer Heimat in Freiheit einzusetzen.

Dr. Ing. Hans-Christoph Seebohm
Bundesminister für Verkehr

DER HESSISCHE MINISTERPRÄSIDENT

Die Zerstörung der beiden früheren hessischen Rheinbrücken bei Mainz und Worms hatte die Verbindung mit dem linken Rheinufer unterbrochen und alle davon betroffenen Kreisen schmerzlich berührt. Nachdem die Mainzer Straßenbrücke im Jahre 1950 wieder hergestellt wurde, mußte es mein ganzes Bestreben sein, auch den Wormser Raum wieder mit Hessen zu verbinden. Deshalb setzte ich mich, als die Frage der Wiedererrichtung der Wormser Straßenbrücke, die zunächst nur durch eine unzulängliche Zwischenlösung ersetzt worden war, erneut aufgeworfen wurde, für den Wiederaufbau dieser Brücke ein. Der Tag der Eröffnung der Straßenverbindung wird die Bevölkerung der beiden Rheinseiten wieder näher zusammenbringen, und ich wünsche, daß dieses Verkehrsband die beiden Länder nicht nur symbolisch sondern auch praktisch miteinander verbinden wird.

Georg-August Zinn

DER MINISTERPRÄSIDENT VON RHEINLAND-PFALZ

Worms hat eine neue Brücke: In modernster Stahlbeton-Konstruktion schwingen sich die Bogen über den Rhein und verbinden wiederum Land und Leute diesseits und jenseits des Stromes.

Der Brückenbau vollzog sich im Schatten des alten romanischen Kaiserdomes, des großartigen Zeugen denkwürdiger deutscher Geschichtsepochen, und er wird so zum sinnfälligen Ausdruck jener Lebenshaltung, die sich unser Volk trotz aller Irrungen und Wirrungen der Vergangenheit bis auf den heutigen Tag bewahrt hat: Das Alte zu erhalten und sinnvoll das Neue zu gestalten.

Der neue Brückenbau ist aber auch das Zeugnis des ungebrochenen Lebens- und Aufbauwillens der Bürgerschaft der Stadt Worms, die unter der Geißel des unseligen Krieges sehr gelitten hat und die sich um den Wiederaufbau ihres städtischen Gemeinwesens redlich müht. Die Landesregierung von Rheinland-Pfalz hat daher im Rahmen ihres Brückenbauprogramms zur Finanzierung des Bauwerkes einen Beitrag geleistet, der erst gewürdigt werden kann, wenn man bedenkt, daß im ganzen Land bei Kriegsende 622 Brücken über 5 m Spannweite vollständig zerstört darnieder lagen, von denen 546 bereits wiederum aufgebaut sind.

Mit dem Ausdruck meiner Freude über dieses wohlgelungene Werk gemeinsamer Anstrengung verbinde ich meine besten Glückwünsche an die Bürgerschaft und die Verwaltung der Stadt Worms für den weiteren Wiederaufbau und für die weitere gedeihliche Entwicklung der kommunalen Arbeit.

DER HESSISCHE MINISTER FÜR ARBEIT UND WIRTSCHAFT

Wenn in unserer Zeit irgendwo eine Brücke geschlagen wird, verdient dies unsere besondere Aufmerksamkeit. Es geht ja nicht nur darum, die Unterbrechung der Straße wieder herzustellen, sondern es geht vielmehr darum, die Verbindung wiederzufinden zu der Gemeinschaft, die wir brauchen. So wird auch mit dem Wiederaufbau der Straßenbrücke über den Rhein die langersehnte Verbindung der Stadt Worms mit Hessen, mit der vielbesungenen Nibelungenstraße wieder hergestellt. Es wird eine Verbindung wieder hergestellt, die nicht nur im Interesse der Wirtschaft längst eine zwingende Notwendigkeit geworden ist, sondern die auch im Interesse eines gemeinschaftlichen Zusammenlebens der Menschen liegt, die eine gemeinschaftliche Sprache sprechen. Dieses Brückenbauwerk, das nach den neuesten technischen Erfahrungen wieder geschaffen wurde, ist eine Gemeinschaftsarbeit der Länder Hessen und Rheinland-Pfalz. Diese Gemeinschaftsarbeit ist unterstützt durch die Bundesregierung. Sie ist nicht nur ein Zeugnis deutscher Wertarbeit, sie ist auch in ihrer Entstehungsgeschichte ein Stück Gemeinschaftsarbeit und damit symbolhaft für die Zeit, in der wir leben.

Den Konstrukteuren, Ingenieuren und Arbeitern, die an dem Bau mitgeholfen und mitgearbeitet haben, spreche ich Dank und Anerkennung aus.

Möge diese wieder aufgebaute Brücke dazu beitragen, die vielfältigen persönlichen Beziehungen der Bevölkerung und die enge wirtschaftliche Verflechtung der Gebiete beiderseits des Rheines erneut zu festigen und zu stärken!

DER STAATSSEKRETÄR
IM MINISTERIUM FÜR ARBEIT UND WIRTSCHAFT
VON RHEINLAND-PFALZ

Die Fertigstellung einer Brücke ist immer ein Ereignis von besonderer Bedeutung. Sie beendet die Mühen, welche in Planung und praktischer Arbeit aufgewandt werden mußten. Sie eröffnet neue Perspektiven zur Belebung von Wirtschaft und Verkehr. Sie schafft Freude denen, die an ihrer Herstellung beteiligt waren und gibt neuen Mut denen, die am Wiederaufbau zweifeln.

Sie erfüllt aber alle Beteiligten mit dem stolzen Bewußtsein, daß es gelungen ist, einen weiteren Baustein im Gefüge des Wirtschaftslebens zu schaffen, und zwar in einer Form, die auch in der Finanzierung, abweichend von der in guten Zeiten üblichen Regelung, nicht mehr eine ganze Generation hindurch sich belastend auswirkt. Gerade diese letztere Tatsache ist angesichts der Fülle der unserer Generation gestellten Aufgaben und der hiermit verbundenen außerordentlichen finanziellen Belastungen ein besonderes Kennzeichen des ungebrochenen Willens, die Folgen des Zusammenbruchs in ihren Auswirkungen nach besten Kräften abzukürzen.

In diesem Sinne gilt mein Glückwunsch der Stadt Worms und ihrer Bürgerschaft.

DER OBERBÜRGERMEISTER DER STADT WORMS

Die Straßenbrücke über den Rhein wurde am 26. März 1900 eingeweiht. Obwohl es eine wirtschaftlich glückliche Zeit war, die damals den Wohlstand der Bürger mehrte, bedurfte es der Anstrengungen von langen zehn Jahren, bis die Entscheidung über den Brückenbau gefallen war. Vor diesem hatte die Stadt eine große Aufgabe zu lösen: Die Herrichtung der Rheinufer, die Errichtung großer Dammbauten und die Schaffung umfangreicher Hafenbauten. Am 30. November 1900 wurde die Eisenbahnbrücke, ein ebenfalls wuchtiges und großzügiges Bauwerk, dem Verkehr übergeben. Eine völlige Veränderung der östlichen Stadt mußte vorausgehen, bis die beiden Rheinbrücken den krönenden Abschluß dieser großen Unternehmungen bilden konnten. Mit ihnen waren die beiden Ufer wieder in eine enge und in jedem Augenblick wirksame Verbindung getreten. Auch Hochwasser und Eisgänge konnten sie nicht mehr trennen. Sie wuchsen wieder zusammen, und wie in allen früheren Jahrhunderten lag der Stadt- und Landkreis Worms auf beiden Ufern. Belebend zog der Strom mitten durch die Stadtgemarkung.

Durch den unseligen zweiten Weltkrieg wurde die Stadt furchtbar zerschlagen. Sie war schon durch Bombenangriffe weithin zerstört, die feindlichen Heere standen bereits tief im deutschen Land und hatten an manchen Stellen, so in Oppenheim, den Rhein bereits überquert, als am 20. März 1945 der sinnlose Befehl der sofortigen Sprengung der Rheinbrücken gegeben wurde. Die vorrückende Armee benötigte eine Stunde, um auf Pontonbrücken an das rechtsrheinische Ufer zu gelangen.

Durch die von der Besatzungsmacht vorgenommene Aufgliederung der deutschen Gebiete wurde der Rhein zur Landesgrenze. Die Verbindung mit dem rechtsrheinischen Gebiet war unterbrochen, und Jahre schwerer wirtschaftlicher und seelischer Not begannen. Alle Gedanken waren in Worms auf den Wiederaufbau gerichtet, als dessen Fundament die Wiederherstellung der Einheit der beiden Rheinufer die Grundvoraussetzung bildete. Alle herzhaften Maßnahmen und Anstrengungen mußten Stückwerk bleiben, so lange nicht der lebendige und ungestörte Verkehr über den Rhein gesichert war.

Sehr bald nach der Erstellung der kombinierten Eisenbahn- und Straßenbrücke, einer am 15. Oktober 1948 dem Verkehr übergebenen Behelfsbrücke, setzten die Bemühungen um den Wiederaufbau der Straßenbrücke ein. Die Unzulänglichkeiten und Schwierigkeiten machten sich bei der wirtschaftlichen Erholung die sich in einer zunehmenden Verkehrsfrequenz und im wachsenden Verkehrsbedürfnis spiegelten, für die Stadt und die hier ansässigen Betriebe der Industrie, des Handwerks und des Handels immer mehr nachteilig bemerkbar.

Immer eindringlicher wurde deshalb darauf hingewiesen, daß die Erstellung einer leistungsfähigen Straßenbrücke die vordringlichste Wiederaufbaumaßnahme sein müsse. Dieser bei jeder passenden Gelegenheit zum Ausdruck gebrachten Notwendigkeit verschlossen sich denn auch nicht die Bundesregierung und die Länder Rheinland-Pfalz und Hessen. Viel schneller, als man es in den ersten Jahren nach der Zerstörung der Stadt erhoffen konnte, konnte der Entschluß dieser drei Regierungsstellen, die Wormser Straßenbrücke wieder aufzubauen, verwirklicht werden. Bis es hierzu kam, bedurfte es großer Anstrengungen, und es waren viele Schwierigkeiten aus dem Weg zu räumen. Ich entledige mich hiermit gerne der Pflicht, den Regierungen und den vielen maßgebenden Herren, mit denen ich oftmals Besprechungen führte, hiermit herzlichsten Dank zu sagen. Ich habe recht viel Verständnis für die Belange der Stadt Worms gefunden. Wenn ich an dieser Stelle nicht einige Namen nenne, dann deshalb, weil ich ein Versäumnis vermeiden möchte, das mir nachher sehr peinlich wäre. Als der Zeitpunkt zum Handeln dann schließlich gekommen war, beantragte ich in der Sitzung des Haushalts- und Finanzausschusses des Landtages von Rheinland-Pfalz am 2. Juni 1950, für den Bau der Rheinbrücke einen Betrag im Haushaltsplan vorzusehen, wie ihn das Land Hessen mit 400000.— DM als erste Rate zur Verfügung stellen wolle. Nach einer Aussprache, an der sich sämtliche Ausschußmitglieder beteiligten, faßte der Ausschuß einstimmig einen Beschluß, der meinem Antrage entsprach. Damit war im positiven Sinne die Entscheidung gefallen. Der Herr Bundesverkehrsminister bestätigte mir am 3. November 1950 die Bereitwilligkeit des Bundes, den Brückenbau im Rechnungsjahr 1951 zu finanzieren. Die Gesamtkosten mit etwa vier Millionen DM werden getragen zu zwei Viertel vom Bund und zu je ein Viertel von den Ländern Rheinland-Pfalz und Hessen.

Etwa zwei Jahre dauerte es, bis in der modernsten Spannbetontechnik im Freivorbau ohne Gerüste und ohne Behinderung der wiederauflebenden Rheinschiffahrt die drei mächtigen Bogen der Straßenbrücke wieder zueinander wuchsen. Die neue Brücke fügt sich überaus glücklich in das Landschaftsbild ein. Die außerordentliche Schlankheit der Konstruktion trotz ihrer an sich gewaltigen Abmessungen bildet die Voraussetzung hierzu; denn bei der zart gegliederten Landschaft der Rheinniederung mit ihren geringen Kontrasten hätte eine weniger elegante Konstruktion die Harmonie zwischen Landschaft und Bauwerk gestört. Als erfreuliche Tatsache ist zu verzeichnen, daß noch während des Baues der Entschluß gefaßt werden konnte, auch die beiderseitigen Landöffnungen und Brückenrampen auf die größere Breite der neuen Brückenteile zu bringen. Hierdurch hat die Brücke auf ihre ganze Länge einheitliche Abmessungen erhalten, womit den heutigen verkehrstechnischen Anforderungen in weitgehendem Maße Rechnung getragen ist.

Mein besonderer Dank gilt dem kühnen Konstrukteur, der ein Werk geschaffen hat, das von der ganzen Fachwelt bewundert wird. Er gebührt auch allen Unternehmern und allen Angestellten und Arbeitern, die mitgeholfen haben, das Werk erstehen zu lassen. Ein Arbeiter hat beim Abbruch des rechtsseitigen Brückenturms sein Leben einbüßen müssen; leider ist er ein Opfer seines Berufes geworden.

Mit Vollendung des Brückenbauwerks verbinden sich in der oftmals so schwer geprüften Stadt die Wahrzeichen edelster alter und bester moderner Baukunst. In dieser glücklichen Verbindung kann ein gutes Zeichen für den weiteren Wiederaufbau der Stadt, ihrer Wirtschaft und ihrer kulturellen Einrichtungen erblickt werden.

Worms ist in aller Welt als die Stadt der Nibelungen bekannt. Die Nibelungenstraße, die zu den bekanntesten und schönsten Verkehrsstraßen Deutschlands gehört, führt von Worms über Würzburg zur Donau. Nichts lag daher näher, als der neuen Brücke mit dem linksseitig des Rheins erhalten gebliebenen Brückenturm und dem Kaiserdom im Hintergrund als Tor der Nibelungenstraße den Namen Nibelungenbrücke zu geben.

Möge die Nibelungenbrücke, die das Städtebild wertvoll bereichert hat, dem zugedachten Zwecke des sicheren und ungehinderten Verkehrs der Menschen beiderseits des Rheins dienen können während einer Zeit, die zum Wohle unseres Volkes und Vaterlandes in eine weite und glückliche Zukunft führt!

DER WORMSER RHEINÜBERGANG
IN SEINER GESCHICHTLICHEN BEDEUTUNG

Stadtarchivar Dr. Friedrich M. Illert, Worms

Die Höhenlinienkarte zeigt in der Begrenzung der waagrecht schraffierten Fläche die 90-m-Linie. An sie schließt sich die 95-m-Linie und die gestrichelte 100-m-Linie an. Nach beiden Rändern zu folgt die 150-m-Linie und geht in die höheren Flächen des Hügellandes über.

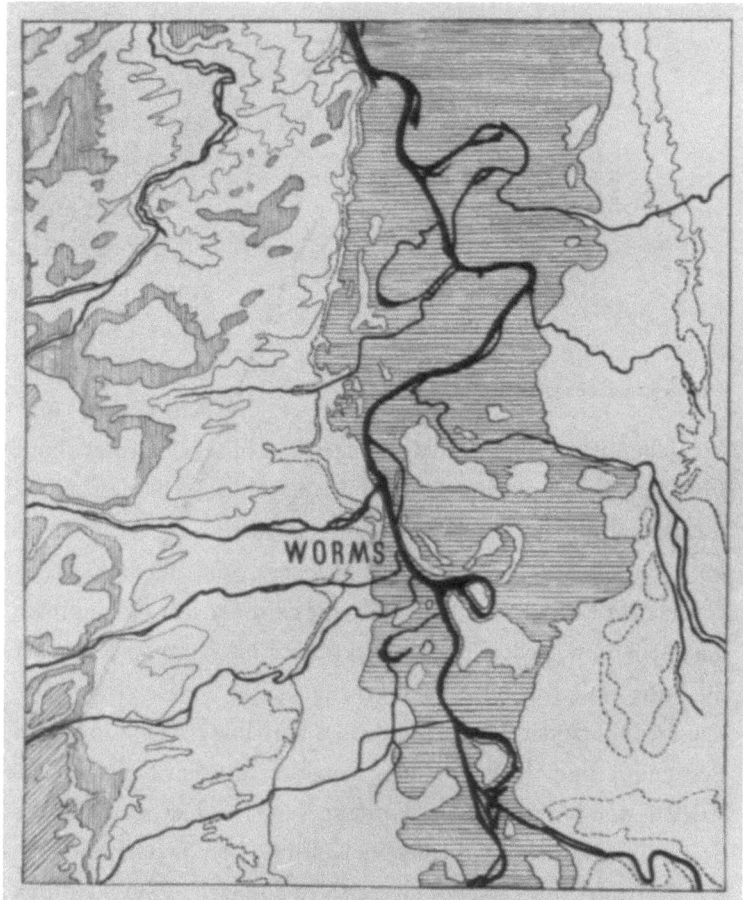

Das Problem des Rheinüberganges in der Wormser Landschaft war schon vor fünf Jahrtausenden jenen Menschen gestellt, die hier auf einem bis an den Strom vorgetragenen Hügel zwischen den Tälern und Mündungen der Eis und der Pfrimm ihre Wohnstatt aufschlugen und seßhaft wurden. Linksrheinisch war hier mit dem Vorrücken der 95-90-m-Höhenlinie bis zum Rhein ein begünstigtes Hochufer durch die Natur geschaffen worden. Dann kam das breite Gebiet der wechselnden Rheinläufe mit seinen Inseln und Wörthen und seinen vielen Wasserläufen mit ihren Kolken und Strudeln. Ständig wechselten die Ufer im Abschwemmen und Anreichern der Strömung. Aber dieser linksrheinische Hügel hielt stand und gab eine gute Ausgangsstellung, um von hier aus den Rhein zu überschreiten oder vom anderen Ufer aus auf ihn hinzustreben. Dort — auf der rechten Seite des Wassers — liegt inmitten der weiten tief

Einbaum, ausgebaggert am Steinswörth bei Eich

gelegenen Riedfelder eine breite Landbrücke der 90-95-m-Höhenlinie, auf der man auch bei hohem Wasser trockenen Fußes in der Richtung auf den Neckar oder auch auf einem Hochgestade parallel zur Bergstraße in der Richtung auf den Main ziehen kann.

Zwischen beiden Hochuferlinien waren von Insel zu Insel eine Reihe von Wasserläufen wechselnder Breiten zu überwinden, über die keine Brücke aus Baumstämmen geschlagen werden konnte. Wohl aber konnte man auf schwimmenden Baumstämmen von einem Ufer zum anderen kommen. Man konnte auch ausgehöhlte Stämme als Nachen benutzen. Ein solches Fahrzeug wurde vor einigen Jahren im Rheinsand bei Eich gefunden.

Die geographische Großlage setzte diesen Rheinübergang im Wormser Raum in einen direkten Kontakt mit dem ganzen europäischen Kontinent: nach Westen entlang der Eis und Pfrimm durch die Kaiserslauterner Senke bis zum Pariser Raum und zum Atlantik, nach Süden und Norden dem Wasser- und Landstraßensystem des Rheines folgend bis zu den Alpen und zum Mittelmeer und bis zur Nordsee. Im Osten die geschilderte Landbrücke entlang über den Neckar und durch die Kraichgausenke zur Donau bis an das Schwarze Meer und den orientalischen Raum und durch die Wetterausenke nordöstlich bis nach Mitteldeutschland und bis an die Ostsee. Hier im Bereich des von Bergketten umgebenen und durch Senken nach allen Seiten geöffneten nördlichen Kessels der Oberrheinischen Tiefebene zeichnet sich geographisch eine kontinentale Lage ab, die überall am Main und Neckar sich auswirkte und im Wormser Raum eine besonders günstige Vorbedingung für Siedlung und Rheinübergang bot.

Die Ergebnisse der vorgeschichtlichen Forschung zeigen im Wormser Raum eine besonders eindrucksvolle Begegnung und Überschneidung vorgeschichtlicher Kulturen, die auf den genannten natürlichen Völkerstraßen wanderten und im Wormser Raum seßhaft wurden: die Bandkeramiker und die Becherkulturen der Steinzeit, die verschiedenen Kulturen der Bronzezeit mit ihren Hügelgräbern und Urnenfeldern, die Hallstatt- und Latènekulturen der Eisenzeit. Eine Häufung gleichartiger Funde aus Siedlungen und Gräbern auf beiden Seiten des Rheines gibt ein beredtes Zeugnis für die weithin wirkende Gunst der Wormser Lage und ihre Bedeutung als eine rheinüberquerende Landschaft.

Jahrtausende hindurch werden es nur die natürlichen Hilfsmittel gewesen sein, die dem Menschen für die Rheinfahrt zur Verfügung standen: das Floß und der Kahn, vielleicht auch schon das gebaute Schiff, besonders von der keltischen Zeit an im letzten Jahrtausend vor Christus. Es besteht auch die Möglichkeit, daß bei größeren Heer- oder Volkszügen eine Summe von Flößen und Kähnen gebildet wurde, über die ein Bohlenweg führte. Hiermit sind aber die Wasserüberquerungsmöglichkeiten einer vortechnischen Zeitstufe umrissen. Völkerschaften haben so den Rhein überschritten und haben im Alltag den Verkehr zwischen den beiden Ufern aufrecht erhalten und in Kriegszeiten die Gefährdung erleben müssen, die ein günstiger Rheinübergang mit sich bringen mußte.

Das Spiel der Politik im Wormser Raum ist von Anfang an und stets west-ostwärts gerichtet — in Rivalität mit den anderen gleichräumigen Siedlungen im Rhein-Main- und Rhein-Neckargebiet. Die geschichtlich faßbaren Ereignisse stellen diesen Raum in einen Brennpunkt abendländischen Geschehens. Die frühgermanische Gauhauptstadt der Vangionen mit dem keltischen Namen Borbetomagus, die von den Römern fortgesetzte Rolle der Gauhauptstadt der Civitas Vangionum und ihre durch den Limes gesicherte gleichmäßige Romanisierung beider Ufer hält den westöstlichen Rheinübergang offen. Mit dem Vordrängen der freien Germanen wird er zum weltgeschichtlichen Entscheidungsraum, in dem das Gegenspiel der Burgunder und Hunnen in die Tragödien zwischen Donau und Rhein und zwischen Rhein und den Katalaunischen Feldern geführt wird, mit denen die antike Kultur ihr Ende findet.

Eine große zivile Stadt war auf dem Wormser Hochufer entstanden. Bei ihr wissen wir nicht, wie die technische Aufgabe der Rheinüberquerung gelöst war. Während schmälere Wasserwege von den Römern mit steinernen Brücken überwölbt wurden, wie in Bingen, oder strategische Rheinübergänge, wie in dem Waffenplatz Mainz, mit einer stehenden Brücke ausgestattet wurden, deren Eichenpfähle noch in den Museen von Mainz und Worms aufbewahrt werden, ist von Worms keine Brückenüberlieferung vorhanden. Es ist also anzunehmen, daß für den Verkehr über den Rhein eine oder mehrere Fähren eingerichtet waren und daß nur bei großen kriegerischen Auseinandersetzungen, wie sie im 1., 4. und 5. Jahrhundert ausgekämpft wurden, hier und da auf Kähnen oder Pontons aufgebaute Schiffbrücken den schnelleren Übergang größerer Truppenkontingente ermöglichten.

Die königliche civitas publica des Frankenreiches, die vom 6. Jahrhundert an den Namen Wormatia trägt, bietet Karl dem Großen den günstigen strategischen und politischen Mittelpunkt, von wo aus er die Baioaren im Donauraum und die Sachsen in Mitteldeutschland mit seinen Kriegern erreichen und in sein Imperium einbeziehen kann. Das im Heiligen Römischen Reich erneuerte Imperium der Antike, das unter dem Feuer des Christentums sich mit dem fränkisch-germanischen Wesen vermählte, wurde in besonderem Maße von Worms aus gestaltet und zur Grundlage eines Jahrtausends gemacht. Die im-

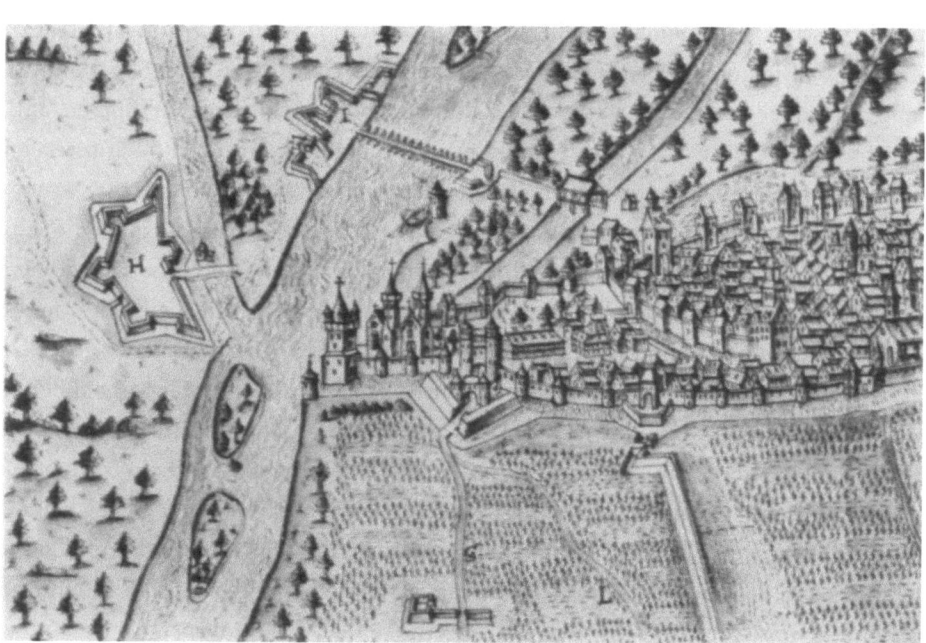

Wormser Rheinbrücke des
Regiments Waltmanshausen
Federzeichnung 1621 (Ausschnitt)

Rheinfähre bei Worms 1650
Ausschnitt aus Merians Stadtansicht

periale Metropole der Salier und Hohenstaufen wird zur politisch wichtigsten Stadt des deutschen Mittelalters, in der ein Austrag der zentralen Macht des Kaisers und der partikularen Macht der Einzelfürsten durchgekämpft und von den Partikularmächten gewonnen wird. Von da an steht Worms im Abwehrkampf gegen die benachbarten Kurfürsten von Mainz und von der Pfalz, die in rücksichtsloser Politik ihre Machtträume immer weiter in das Wormser Hoheitsgebiet ausdehnen und schließlich fast das ganze Wormser Land in ihren Besitz bringen. Nur das Territorium der Freien Stadt zu beiden Seiten des Rheines blieb dem Reich, obwohl Kurpfalz die Schirmherrschaft über die Stadt gewinnen konnte und der Erzbischof von Mainz schließlich in Personalunion den Sitz eines Fürstbischofs von Worms übernahm. Das Bistum Worms, das als das größte seine Geschichte beginnen konnte und das Jahrhunderte lang das ganze Land vom westlichen Landstuhl bis zum östlichen Wimpfen entlang der großen West-Oststraße quer über den Rhein beherrschte, wurde zum kleinsten und ärmsten im Reich.

Groß ist die Zahl der Reichsversammlungen und Fürstentage in Worms, der kaum eine andere Stadt eine solche Häufung großer politischer Tagungen durch Jahrhunderte hindurch an die Seite stellen kann. Mächtig stand ihre Silhouette mit einhundertfünfzig hohen Türmen und Befestigungen domgekrönt über dem Rheinufer. Zu ihr zogen über den Rhein in ununterbrochener Folge die Kauffahrer und Kaiser, Kreuzzüge und Heerhaufen der Städte und Fürsten, Ritter, Bürger, Bauern, Knechte und Gesinde, Geistliche und Weltliche. Es ist merkwürdig, daß trotz dieses beständigen Hin- und Herwanderns über den Rhein nur wenige Darstellungen in den Urkunden und Akten vorkommen. Der Rheinübergang erscheint als etwas so Selbstverständliches, daß man nicht davon zu reden braucht, auf welche Weise man hinüber und herüber kommt. Das Nibelungenlied schreibt sogar einfach „sie ritten über den Rhein."

Einen Anhaltspunkt für die Technik der Rheinüberfahrt gibt eine Urkunde Ludwig des Deutschen vom Jahre 858, in der er dem Kloster Lorsch gestattet, mit einem eigenen Schiff den Rhein bei Worms hinüber und herüber zu überqueren, also eine eigene Fähre zu unterhalten.

Es ist die uralte und zu allen Zeiten geübte Verwendung eines Bootes, das durch Stangen oder Ruder bewegt wird, die wir bei der Wormser Rheinfahrt antreffen. Durch die besondere Ausgestaltung der beiden Bootspitzen mit abklappbaren Wänden, die zur Überwindung der Wegstrecke zwischen Wasser und Ufer niedergelassen werden, entstehen schon früh die eigentlichen Fähren, die in größeren Dimensionen gebaut wurden, so daß sie auch für den Transport von Wagen und Tieren geeignet waren.

Um 1400 haben wir in Worms eine besondere Fergenordnung für die mit der Abwicklung der Rheinfahrt betrauten Schiffherren und Knechte. Im Jahre 1392 nahmen fünfzehn Männer „den Baum in die Hand" und schwören den Fergeneid. Im Jahre 1400 sind neun Namen beim Schwur eingetragen. Sie schwören, morgens früh wenn die Sonne aufgeht am Rhein zu sein und nicht von der Fähre heim zu gehen, ehe die Sonne zu Gnaden geht. Jederzeit müssen zwei Fährboote auf jeder Seite des Rheines sein, ausgenommen in Fehdezeiten. Nur in stillen Zeiten genügt die Hälfte der Fergen und ein Fährboot auf jeder Seite des Rheines. Wer der erste am Rhein ist, soll auch zuerst übergesetzt werden. Sie schwören dem Rat gehorsam zu sein, wie es von alters Herkommen ist.

Sie schwören die Ordnung der Gebühren für die Überfahrt von Bürgern und Fremden, Wagen und Pferden, Viehtransporten und Feldarbeitern, Knechten und Mägden. Auch die Überfahrt von Fürsten, Grafen, Herren, Rittern mit reisigem Volk ist geregelt. Die gewöhnlichen Abgaben bewegen sich zwischen einem und drei Hellern, mit den privilegierten Ständen wird der Betrag frei vereinbart, wenn es angängig ist. Die Fergen dürfen ihre Fährschiffe niemanden entleihen oder überlassen und tragen die ganze Verantwortung für die geordnete Abwicklung der Rheinfahrt. Im Jahre 1435 wird ihnen verboten, Wein in Flaschen an die Fähre zu bringen, bis der Fergenmeister es wieder gestatten würde.

Nehmen wir zu dieser Fergenordnung die alte Überlieferung, daß die Rheinfahrt für den Verkehr durch vierzehn Fährschiffe bewältigt wurde, so gewinnen wir einen guten Einblick in die Wormser Verhältnisse. Von diesen vierzehn „Stämmen", wie es in späteren Urkunden heißt, gehören siebeneinhalb der Freien Stadt Worms, einer dem Fürstbistum Worms, einer dem Kloster Lorsch, einer dem bürgerlichen Heiliggeistspital in Worms,

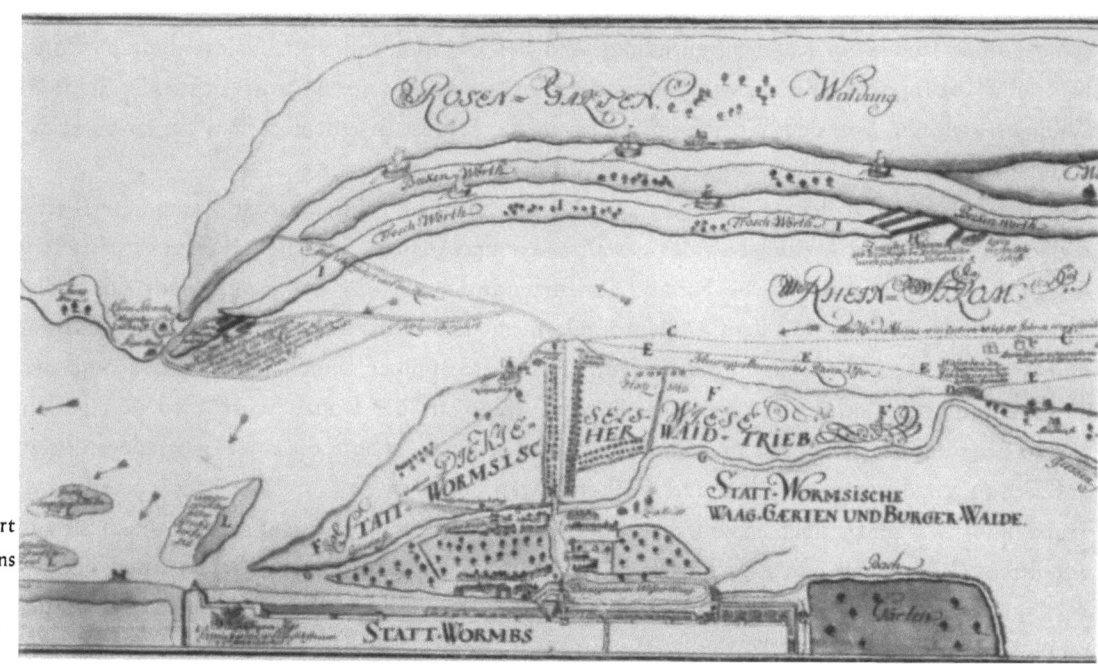

Rhein-
überfahrt
in Worms
Plan-
zeichnung
1747

Fährverkehr in Worms 1730 · Federzeichnung der Hirschjagd (Ausschnitt)

einer den Kämmerern von Dalberg, einer dem Baron von Greiffenclau und einer dem Herrn von der Leyen und ein halber dem Martinstift. Die Finanzverwaltung lag in den Händen der Stadt Worms, die sowohl die Einkünfte als auch die Kosten anteilmäßig auf die Teilhaber umlegte.

Auf den Stadtansichten von Sebastian Münster (1550) und Merian (1650) sehen wir neben mehreren Nachen zwei Fährschiffe mit Fuhrwerken beladen auf dem Rhein fahren und erkennen an der im Vordergrund anlegenden Fähre, daß sie die aufklappbaren Vorderteile hat, über die die Wagen ans Ufer gerollt werden können.

Beim Rückblick auf die Geschichte belebt sich der Rhein oft über dieses alltägliche Bild hinaus mit einer ganzen Flottille von Fährschiffen, wenn die mächtigen Herren mit ihrem Gefolge über den Rhein ziehen oder wenn die Stadt die ganze Bürgerschaft zum rechtsrheinischen Bürgerfeld einlädt, wo nach dem feierlichen Umgang um die abgesteinten Grenzen ein Volksfest abgehalten wird, oder wenn der Fürstbischof seine großen Jagden im Rosengarten abhält und bei vielerlei sonstigen Gelegenheiten. Dort vor dem bischöflich wormsischen Rosengarten hatte der Kurfürst von Mainz im Angesichte der Stadt Worms ein Zollhaus errichtet. Von dem Wormser Ufer zogen die Fähren in einem großen Bogen zu diesem Wehrzollhaus, wie die alten Pläne zeigen.

Hier müssen wir auch der Zeiten gedenken, wo der normale Fährbetrieb still stand und wo der Krieg regierte und veränderte Aufgaben der gewaltsamen Erzwingung des Rheinübergangs gestellt waren. Es wurde die bisweilen kriegerische Formen annehmende Umgürtung der Freien Stadt durch die benachbarte Kurpfalz erwähnt. Mit dem 16. Jahrhundert, an dessen Beginn noch die großen Reichstage (1495 und 1521) in aller Herrlichkeit stattfanden, vollzog sich immer schneller die Aufspaltung des Reiches in gegensätzliche Mächte. Der Kaiser zieht vom Rhein an die Donau nach Wien. Kriege ohne Ende ziehen über das deutsche Land und über den Wormser Raum, wohin die offenen Straßen führen. Spanier und Schweden, Franzosen und andere Völker rangen mit den in feindliche Lager geteilten deutschen Truppen — wir sehen über Schiffbrücken die Heere den Rhein überqueren und sehen sie auf Fähren mit ihren Waffen über den Rhein treiben. In gewaltiger Zweifrontenabwehr zwischen den Türken an der Donau und Frankreich an der Weststraße ballten sich Katastrophen zusammen, die schließlich die totale Zerstörung der Kurpfalz und der Freien Stadt Worms, also des ganzen historischen Rhein-Neckarlandes brachten. Da standen die Reste der Wormser Bürgerschaft auf dem rechten Rheinufer und mußten zusehen, wie ihre stolze Stadt bis zum letzten Haus verbrannte.

Nach dem Friedensschluß beobachten wir, wie die einstige Metropole Worms zu einem Spielball der mächtigen Nachbarn geworden war. Wohl ließ der Rückzug der französischen Ansprüche alle althergebrachten Mächte weiter amtieren. Der Wiederaufbau konnte daher im bisherigen politischen Rahmen geschehen, in dem aber die Stadt Worms eine noch bescheidenere Rolle spielen mußte als bisher. Der Kurfürst von der Pfalz hatte mit dem Frankenthaler Kanal und mit der Mannheimer Fähre den mittelrheinischen Handel und die Rheinüberquerung fast ganz in seine Hand gebracht und hinter ihm stand das Gewicht seines Kurstaates. Der Fürstbischof von Worms hatte einen Fährbetrieb in Lampertheim, am Baum und in Rheindürkheim eingerichtet und durch Maßnahmen des Rheinuferbaues am Rosengarten gegenüber Worms die Wormser Rheinfahrt sehr erschwert. Klagen der Stadt blieben erfolglos. Der Fährbetrieb wurde anfänglich noch gemeinschaftlich auf der Grundlage der vierzehn Anteile betrieben, denen aber keine vierzehn Fahrzeuge mehr entsprachen. Dann wurde der Betrieb je zur Hälfte von der Stadt und dem Bischof verpachtet. Nur wenige Fahrzeuge standen schließlich zur Verfügung, so daß der Wormser Rheinübergang sehr schlecht besorgt war und das rechtsrheinische Stadtterritorium zunehmend an rechtsrheinische Pächter vergeben werden mußte.

Im Jahre 1700 wurde der Kurfürst von der Pfalz und der Landgraf von Hessen-Darmstadt zur Prüfung der Wormser Schuldverhältnisse von Reichs wegen bestellt. Unter den Vorschlägen für eine Verbesserung der Lage wurde die Anlegung einer stehenden oder fliegenden Rheinbrücke ins Auge gefaßt. Die erstere sollte 10000 Gulden, die letztere 6670 Gulden kosten — Summen, die von der zerstörten und verlassenen Stadt Worms nicht mehr aufgebracht werden konnten, so daß dieser wohlgemeinte Vorschlag scheiterte.

Im Jahre 1714 machte der Obristlieutenant Mayer zu Heidelberg den Vorschlag für eine fliegende Brücke über den Rhein bei Worms. Er hatte alte kaiserliche Nachen an der Hand, die billig zu haben waren. 1722 machte der Wormser Zimmermann Johannes Geyer den Vorschlag, anstelle einer fliegenden Brücke eine stehende oder Schiffbrücke zu bauen, weil er der Überzeugung war, daß sie sich rentieren würde.

Worms 1840
Federzeichnung von Delkeskamp
(Ausschnitt)

Wormser Rheinufer 1850
Ausschnitt aus einer Zeichnung

Er legte einen ausführlichen Plan mit Kosten- und Ertragsberechnung vor. Es ist interessant, daß er in seiner Berechnung den Ertrag der von ihm unzerteilt gepachteten Fähre von 1698—1700 auf jährlich tausend Gulden und mehr bezifferte. Er berechnet die Gebührensätze für Einheimische und Fremde, den Winterhafen für die Brücke, die Herrichtung der Zugangsstraße und ständige Löhne und Reparaturen. Er kommt zu dem Schluß, daß die Verpachtung der Brücke in Erbpacht eine jährliche Summe von dreihundurt Gulden einbringe, wobei die ersten sechs Jahre frei gehalten sein sollten. Eine dauernde Brückenkontrolle sollte die gute Instandhaltung und rechtzeitige Auswechselung schadhafter Teile gewährleisten.

Da nur zwei Aktenstücke dieses Vorganges erhalten sind und die Ratsprotokolle keinen weiteren Aufschluß geben, können diese Versuche hier nur genannt werden, als Zeichen, daß man damals noch die zuversichtliche Hoffnung auf eine Wiederbelebung der Wormser Rheinfahrt hatte. Beides Mal aber scheiterten die Pläne an der Uneinigkeit der verschiedenen Fährstämme, wie Hallungius in seinem späteren Bericht mitteilt. Erst im Jahre 1787 traten der Kurfürst von Mainz, der gleichzeitig Fürstbischof von Worms war, und Hessen-Darmstadt mit dem Plan auf, eine neue Straße von Frankfurt aus durch ihr Gebiet zu bauen und sie am geeignetsten Punkt — in Worms — mit einer fliegenden Brücke über den Rhein zu führen. Sie taten es nicht der Stadt Worms zu lieb, aber es war der praktischste Plan, dem sich der Wormser Rat in ernsten Beratungen anzuschließen versuchte — mit Herzklopfen über diese unerwartete Hilfe für ihre Wirtschaft. Aber kaum war dieser Plan erörtert worden, als die kurfürstlich pfälzische Regierung den schärfsten Protest einlegte und mit den schlimmsten Repressalien drohte, wenn die Stadt versuchen sollte, den pfälzischen Rheinübergängen Konkurrenz zu machen. Der Wormser Rat beriet ängstlich, was zu tun sei. Der Bischof übte einen Druck aus, indem er mit der Errichtung der Fähre in Rheindürkheim droht. Er will der Stadt helfen, in dem er die auf die Stadt entfallenden Beträge in voller Höhe vorschießt. Mainz und Darmstadt sollten beim Kaiser wegen des pfälzischen Einspruchs intervenieren und die kaiserliche Zustimmung einholen. So ging es hin und her, bis die Fanfaren der französischen Revolution und neue Kriege nicht nur diesen Verhandlungen, sondern auch allen Mächten, die sie führten, ein Ende machten.

Im Jahre 1798 als der Rhein zur Grenze des französischen Staates geworden war, wodurch zum einzigen Mal in der Geschichte die ost-westlichen Übergänge zerschnitten waren, hat der Stadtarchivar Hallungius am 15. Thermidor VI (2. 8. 1798) eine Übersicht über den Stand der Wormser Rheinfahrt vorgelegt. Die Veränderungen, die die französische Revolution in Worms verursacht hatte, wirkten sich als eine Katastrophe aus, weil sie das Wesen dieser alten Hauptstadt erschütterten und sie aus ihrer Stadtrolle wieder in das dörfliche Milieu zurückbrachten. Die Auflösung des Bistums und der geistlichen Körperschaften ohne jeden Ersatz ihrer wirtschaftlichen Rolle, das Ende der hochadeligen Besitzungen, der Klöster und die Auflösung der eigenen staatlichen Hoheit der Freien Stadt brachten den völligen Zusammenbruch des wirtschaftlichen Gefüges mit sich. Man konnte sagen, daß Worms, das allen Partikularfürsten zum Trotz die Treue zum abendländischen Reich und Imperator bis zum Ende durchgehalten hat, nun in diesem Augenblick aufhörte zu bestehen, wo diese weltanschaulich und europäisch begründete Ordnung des Heiligen Römischen Reiches Deutscher Nation erschüttert war. Es war hier keine Möglichkeit geblieben, für das Verlorene einen Ersatz zu schaffen. Die großen Städte und Residenzen ringsum hatten die ganze Gunst der Lage auf sich selbst vereinigen können und der ältesten Stadt nichts mehr übrig gelassen. Im Jahre 1798 wurde daher von den verzweifelten Wormsern der Versuch gemacht, einen Beauftragten zu dem Direktorium nach Mainz zu schicken, um für die aller Mittel beraubte Stadt ein Empfehlungsschreiben an die Pariser Regierung zu erreichen und dort den Bau einer fliegenden Brücke über den Rhein in Worms zu betreiben. Weiter hören wir von dieser Demarche nichts mehr. 1799 wird die bisherige Rheinüberfahrt für jährlich achtzig Gulden verpachtet. Es war eine Rheinüberfahrt zwischen Frankreich und dem in Einzelstaaten aufgesplitterten Deutschland mit allen Grenzkontrollen und hiermit das Ende der positiven Auswirkung der Ostwestpassage. Auf dem rechten Rheinufer ging das Bistum Worms mit seinem rechtsrheinischen Besitz unter. Ein großes Spiel der Geschichte war ausgespielt.

Damals hatte Worms noch 4800 Einwohner. Dreißig Jahre hindurch haben die Einwohner die überzähligen Bauten abreißen müssen und aus Kirchen und Palais Fruchtscheunen und Viehställe oder Steinbrüche gemacht. Auch nach der Wiederkehr der deutschen Verwaltung und nach der Einbeziehung eines Teiles des linksrheinischen Mainzer und Wormser Landes in das Großherzogtum Hessen kam keine Veränderung

Wormser Fähre um 1850

Schiffbrücke in Worms
um 1880

der Situation, vielmehr lag nun am Südzipfel Rheinhessens das kleine Worms und die Stadtgemarkung war gleichzeitig eine Landesgrenze geworden. Nur die Tatsache, daß die Ordnung über alles Erwarten hinaus stabil blieb und daß in ihr sich der wirtschaftliche Aufstieg des 19. Jahrhunderts vollziehen konnte, brachte auch für Worms eine Rettungsmöglichkeit.

Im Jahre 1829 schlägt das hessische Finanzministerium vor, die Anteile der Stadt Worms und des bürgerlichen Spitales an den Stämmen der Rheinfähre anzukaufen gegen die Zusicherung, nun doch eine fliegende Brücke zu errichten. Im Jahre 1831 wurde die Verkaufsurkunde unterschrieben und ausgetauscht. Da der hessische Staat für die übrigen Stämme der Rechtsnachfolger war, war von da an die Rheinüberfahrt ganz in staatlichen Besitz übergegangen.

Die im weiteren Verlauf eingerichtete fliegende Brücke ist auf einem Holzschnitt und einer Federzeichnung der vierziger Jahre zu sehen. Sie ist im Rhein verankert und zieht von der Anlegestelle im Zuge der Pappelallee zum jenseitigen Ufer. Unendliche Schwierigkeiten machte unter den katastrophalen Finanzverhältnissen der Stadt die Herrichtung der Zugangsstraßen und des Ufers, die notwendig waren, um den Fuhrverkehr durch die engen Gassen des Rheinviertels und durch das von Woog und Gießen durchschnittene Gelände der Fischerweide und Kieselswiese zu führen. Noch 1842 mußte das hessische Finanzministerium die Forderung einer ausreichenden Straße als noch nicht erfüllt bezeichnen. Nur langsam wurden diese Probleme zu einer Verbesserung der Verhältnisse geführt, die schließlich am Ende der vierziger Jahre den Plan einer festen Schiffbrücke zeitigten.

Mittlerweile hatte die Gründung von Lederfabriken durch Cornelius Heyl und Doerr & Reinhart die wirtschaftliche Aktivität der Stadt gestärkt und eine allgemeine wirtschaftliche Belebung im Zeichen der Gewerbefreiheit hervorgebracht. Die Zahl der Einwohner war 1840 schon auf 9000 gestiegen. Der Tiefpunkt des Zusammenbruchs war überwunden. Der Bürgermeister P. J. Valckenberg hatte die Liquidierung des reichsstädtischen Erbes mit Entschiedenheit aber auch mit der Weitsicht vorgenommen, die die Möglichkeit einer neuen glücklicheren Entwicklung einkalkulierte.

Die Schiffbrücke, ein Traum der Jahrhunderte, sollte sich im Jahre 1855 verwirklichen. Sie hat viel dazu beigetragen, die Sympathie zu der neuen Landesherrschaft zu wecken und zu steigern. Die positive Entscheidung für die Schiffbrücke stand im Zusammenhang mit der Erbauung der Eisenbahn Mainz-Worms und Darmstadt-Worms, für die eine Verbindung zwischen dem linksrheinischen Rheinbahnhof und dem rechtsrheinischen Rosengartenbahnhof geschaffen werden mußte. Hier wurde auch der Trajektverkehr der hessischen Ludwigsbahn verwirklicht, die auf zwei großen Trajektschiffen Eisenbahnwagen von einem Ufer zum anderen bringen konnten.

Die deutsche Zollunion und schließlich die Gründung des deutschen Kaiserreiches haben zusammen mit den damals schon ungeheuerlich erscheinenden Fortschritten der Technik und des Verkehrswesens einen Zukunftsglauben hervorgebracht, in dem auch die Erfüllung kühner Träume möglich erschien. Nach der tatkräftigen Generation der Fabrikgründer folgte eine Generation führender Männer, die die väterlichen Betriebe zu Großindustrien entwickelten. Zu den Lederfabriken traten andere industrielle Unternehmungen. Die Einwohnerzahl der Stadt erreichte im Jahre 1900 die Zahl von 40000. Auf der anderen Rheinseite wuchsen die sieben mit Worms eng verbundenen rheinnahen Dörfer. Cornelius Wilhelm Freiherr Heyl zu Herrnsheim und Nikolaus Andreas Reinhart wurden als Reichstags- und Landtagsabgeordnete mit anderen führenden Bürgern zu Trägern der wirtschaftlichen und politischen Stadterneuerung. In der Persönlichkeit des Bürgermeisters Wilhelm Küchler trat der Verwaltungsbeamte an die Spitze der Stadtführung, der in schöpferischem Wirken die Verwandlung der immer noch in kleinstädtischen Formen lebenden Stadt zur wirklichen Erneuerung ihrer städtischen Ausprägung durchführte. Jetzt kamen alle Rheinufer- und Hafenpläne, alle Erwägungen der Brückenbauten für Eisenbahn und für den Fuß- und Fahrverkehr ins Rollen und führten in dem Jahrzehnt von 1890—1900 die völlige Umgestaltung der Rheinuferverhältnisse, den Abschluß der Rheinregulierung und die Zusammenfassung der Rheinarme in einem breiten Stromlauf durch. Die Errichtung des Floß- und Handelshafens und schließlich die Lösung der Rheinübergangsprobleme durch die Erbauung einer festen Straßenbrücke und einer festen Eisenbahnbrücke vollendeten dieses Werk. Mit dem Namen Ernst-Ludwig-Brücke brachte die Bürgerschaft ihren Dank für die Förderung der Wormser Belange durch den Großherzog und einen Teil der hessischen Landstände zum Ausdruck. Freilich ist auch diese Erneuerung der Stadtbedeutung nur örtlich zu verstehen. Verloren blieben die

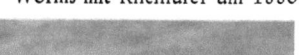

Worms mit Rheinufer um 1880

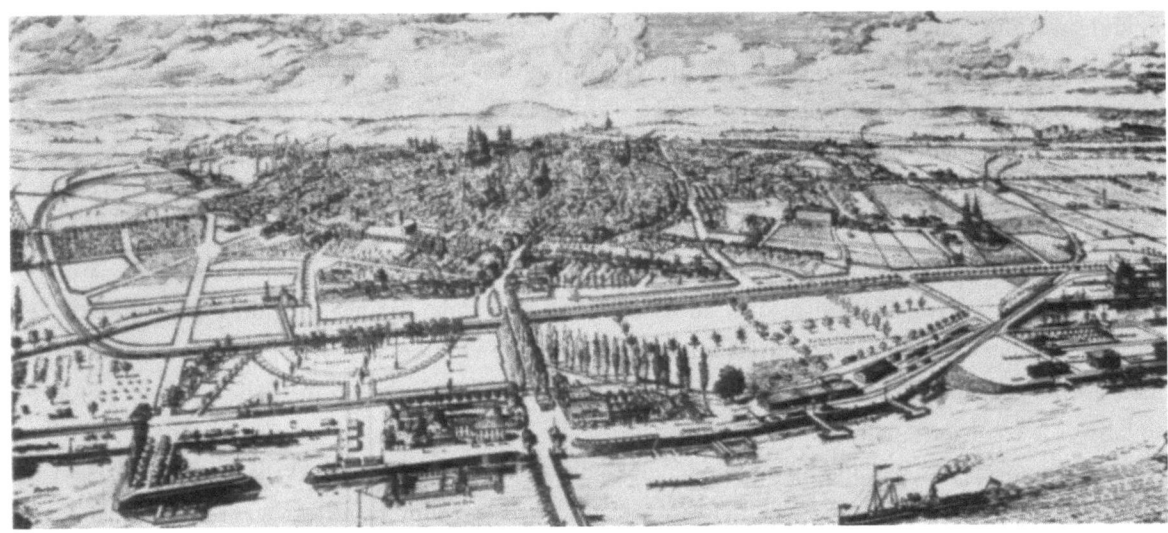

Worms mit Rheinufer um 1895

weitgedehnten Gesichtspunkte der alten Stadt, die als Mittelpunkt eines eigenen Territoriums ihre Bedeutung entfaltet hatte. Es blieb die Grenze zu der Provinz Rheinpfalz, in der Frankenthal und Ludwigshafen eine große Entwicklung nehmen konnten und es blieb die Grenzlage zu Baden, wo mitten im alten Wormser Gebiet Mannheim seine Hauptstadtrolle als Wirtschafts- und Hafenzentrum im südwestdeutschen Raum groß entwickelte. In seinem rheinhessischen Winkel aber erreichte Worms durch die ideale Bürgergesinnung seiner Industrieführer den Anschluß an seine verlorene Stadtkultur wieder in der großen Schöpfung seiner Kulturinstitute, seines Theaters, seiner Kultursammlungen. Trotz des ersten Weltkrieges entwickelte es seine industrielle Kraft weiter und zog immer mehr sein altes rechts- und linksrheinisches Hinterland in den Bereich seines südhessischen Führunganspruchs. Es trat neben Mainz als die zweite Herzkammer im Gefüge Rheinhessens. Aus der Vergangenheit und Gegenwart entwickelte es Lebenswerte, die ihm in der Wiederbelebung der ost-westlichen Rolle die Gewähr für eine neue glückliche Zukunft bieten konnten. Sie war freilich nur noch ein Schatten gegenüber der einstigen Macht, aber auch sie war begründet auf dem, was der Fleiß der Bürgerschaft der Gunst der Lage noch abringen konnte. Die Einwohnerzahl stieg auf 50 000. Die stürmische Entwicklung der neunziger Jahre machte einer ruhigeren des folgenden Jahrzehnts Platz. Im Juni 1914 wurde das große Straßenbahnprojekt verabschiedet, das Worms nun nach allen Seiten mit den vielen großen Ortschaften in unmittelbare Beziehung setzen sollte und das auch über den Rhein und die Rheinbrücke die Straßenbahn in die jenseitigen großen Gemeinden führen sollte. Diese Krönung der Wormser Wiedergeburt und Sicherung ihrer Verbindung in das Hinterland wurde durch den Ausbruch des ersten Weltkrieges vereitelt. Die späteren Zeiten konnten diesen Verlust nicht mehr ausgleichen. Der zweite Weltkrieg brachte die Katastrophe nicht nur für Worms, sondern auch für die konkurrierenden Städte. Die Brücken über den Rhein wurden von Fanatikern gesprengt. Die amerikanische Armee zog auf Pontonbrücken schnell und leicht über den Strom, der kein Hindernis mehr bildete.

Es hatte im Jahre 1945 den Anschein, als ob sich die Erfahrung von 1800 wiederholen und diesmal nicht nur Worms, sondern das ganze Vaterland in die Enge einer Agrarlandschaft zurückgeführt werden sollte. Der Rhein war zur Grenze von Besatzungszonen geworden. Fast hoffnungslos stand die Zukunft vor den Augen der in Trümmern hausenden Bevölkerung. Kähne und Fähren übernahmen wieder den kontrollierten Verkehr zwischen den Ufern.

Ernst-Ludwigs-Brücke
in Worms um 1925
(Fliegeraufnahme)

Mit der Wiederaufrichtung einer deutschen Bundesrepublik im Rahmen der westlichen Welt wurde auch der Wiederaufbau der Stadt in aussichtsreiche Bahnen gelenkt. Eine Dauerbehelfsbrücke wurde im Zug der Eisenbahnbrücke im Jahre 1950 errichtet. Jetzt spannen sich wieder große Spannbetonbogen zwischen den stehengebliebenen Auffahrtsrampen der Straßenbrücke, die mit ihrer, eine große europäische Funktion ausdrückenden Bezeichnung „Nibelungenbrücke" an die ältesten Traditionen anschließt.

Worms hat jetzt eine Einwohnerzahl von 56 000 erreicht. Sein linksrheinischer Landkreis umfaßt etwa die gleiche Zahl trotz der Einengung in die rheinhessische Grenze. Diesen 100 000 Einwohnern der unmittelbaren linksrheinischen Brückenlandschaft entsprechen die heute im hessischen Staatslande lebenden 50 000 Bewohner der unmittelbaren rechtsrheinischen Umgebung der Brücke. Die deutsche Bundesrepublik, die Länder Rheinland-Pfalz und Hessen haben die Wiederherstellung der Brücke finanziert. Die Stadt selbst unternimmt alle Anstrengungen, um auch nach dieser Katastrophe wieder als ein Mittelpunkt der Wirtschaft und Kultur des Wonnegaues in Erscheinung zu treten.

Über ihr liegen die Probleme des Ostens und Westens und verhängen in unserer Zeit den Himmel mit trüben Wolken. Urälteste Erfahrungen geben dem gegenwärtigen Zustand die Farbe von Hoffnung und Furcht. Um dieser großen Probleme willen ist hier am Tag der Einweihung der wiederhergestellten Nibelungenbrücke in Worms dieser Blick in die Geschichte aufgezeichnet worden, der mehr, wie vielleicht an anderen Plätzen Europas, die europäischen Aufgaben und Gefährdungen in der rheinischen Landschaft erkennen läßt, die im wechselnden Schicksal der Nibelungenstadt und ihres Rheinüberganges eine in Geschichte und Heldenlied gerühmte und immer wieder wirksame Bedeutung gewinnt.

Die Originalquellen für die geschichtliche Darstellung und für die Bilder befinden sich im Stadtarchiv Worms.

Der linksrheinische Turm der Ernst-Ludwig-Brücke mit Blick auf den rechtsrheinischen Turm
Die architektonischen Formen sind dem ehemaligen nördlichen Stadttor, dem „Mainzer Tor", nachgebildet

DIE NIBELUNGENBRÜCKE IN WORMS
EIN MARKSTEIN IN DER ENTWICKLUNG DER BRÜCKENBAUKUNST UND EIN BEKENNTNIS ZUM TECHNISCHEN FORTSCHRITT

Regierungsbaudirektor Dipl.-Ing. Dr. Dr. Ernst F. Wahl, Koblenz (Rhein)

Bis zur Einführung des Eisens als Gußeisen, Schmiedeeisen und Baustahl im Brückenbau vor etwa einhundertfünfzig Jahren, bediente man sich zur Ausführung von Brücken, Gewölben und Monumentalbauten für eine längere Lebensdauer ausschließlich des Natursteines oder der Bauziegelsteine, da das Holz nur eine beschränkte Lebensdauer hatte und durch die Gefahr von Feuer bedroht war.

Die Pioniere des Stahlbrückenbaues fanden ein großes und reiches Betätigungsfeld durch die Aufgaben, die ihnen vor allem bei den Bauten der Eisenbahnen gestellt wurden. Tiefe Täler, breite Flüsse und Meeresbuchten mußten überquert werden. — Große Spannweiten, wie sie vormals nie mit Steinbogen bewältigt werden konnten, wurden in einem Sprung überwunden. Die Lastenzüge der Eisenbahnen übertrafen selbst die schwersten bis dahin auf den Landstraßen bewegten Fuhrwerke, und die Geschwindigkeiten erschienen den Zeitgenossen unvorstellbar.

Auch die größten und kühnsten Probleme wurden elegant gemeistert, wobei ständig neue Erkenntnisse gewonnen, Berechnungsmethoden gefunden und verfeinert und Bauweisen entwickelt wurden, die allen Anforderungen entsprachen.

Ein neuer Baustoff entstand aus der Verbindung von Stahl und Stein, mit hydraulischen Bindemitteln zusammengefügt im Stahlbeton. Erst einhundert Jahre sind verflossen, seit diese Erfindung erstmalig angewendet wurde. Und auch hier beginnt eine sprunghafte Entwicklung in der Anwendung auf allen Baugebieten. Stahlbeton tritt in Wettbewerb mit dem Stahlbau. Er dringt vor in die »ureigensten Domänen«, in den Bau großer Hallen und Brücken.

Die Baukosten, die Bauzeit, die Methode der Bauausführung, die Lebensdauer, die Unterhaltung, alles wird berechnet, verglichen und gegenübergestellt.

Der scharfe Konkurrenzkampf spornt die Bauschaffenden zu höchsten Leistungen an.

Und wieder wirken neue Momente anregend: Der Mangel an Bauholz, die Lieferschwierigkeiten bei Baustahl, Geldmangel, Auftragshunger zwingen die Ingenieure dazu, völlig neue Wege zu suchen und kühne Lösungen zu finden, ohne die Sicherheit der Bauwerke zu riskieren.

Bestimmungen über die Tragfähigkeit, Auflagen über die unter allen Umständen freizuhaltenden Durchflußprofile und Schiffahrtsöffnungen, die zulässigen Bauhöhen, Steigungen usw. geben einen Rahmen, dessen Einhaltung zwingend ist, trotz der damit aufgeworfenen völlig neuen Probleme.

Und das Ergebnis:

Es ist erstaunlich, wie gerade durch die Menge der präzise gestellten Forderungen die Bauwerke sich verfeinern, einfacher, schlichter und sachlicher werden. — Symbole der Zeit, die keine Zeit mehr hat und kein Geld für überflüssigen Firlefanz und wieder Freude findet an der naturverwandten einfachsten Form, die dem Zweck bestimmt ist.

Viele hundert Brücken sind nach den Zerstörungen des Krieges wieder aufgebaut worden. Nur ganz wenige sind wieder erstanden in der alten Form und Bauart wie sie ehedem waren. Alle haben von der technischen Entwicklung in irgend einer Form profitiert und sind den Erfordernissen einer neuen Zeit angepaßt. Die Rheinbrücke Worms ist ein besonders augenfälliges Beispiel, das diesen Geist dokumentiert. Ohne das Ansehen der Erbauer der früheren Brücken schmälern zu wollen und ohne deren hervorragendes Können zu bestreiten, mußte die am Kriegsende zerstörte Stahlbogenbrücke aus der Zeit ihrer Entstehung um die Jahrhundertwende verstanden werden. Wir sind nüchterner geworden und haben weniger Sinn für ein Pathos, das ein gutes Ingenieurbauwerk durch das aufdringliche Beiwerk von Ritterburgarchitektur erschlägt.[1]

So äußert sich auch Richard Grün an Hand einer Abbildung der ehemaligen Wormser Brücke über die »durch architektonische Zugaben verzierten Brücken. Man hielt es noch um die Jahrhundertwende für notwendig, Eisenbetonbrücken nach Art von Burgen und Schlössern aufzuputzen. Diese Art von Romantik hat nichts mit Tradition zu tun, sondern ist eine Geschmacksverirrung, die hoffentlich nicht wiederkehrt.«[2]

In der äußeren Gestalt, die der Bonatz-Schüler Architekt Gerd Lohmer-Köln, dem von Dr. Ing. Ulrich

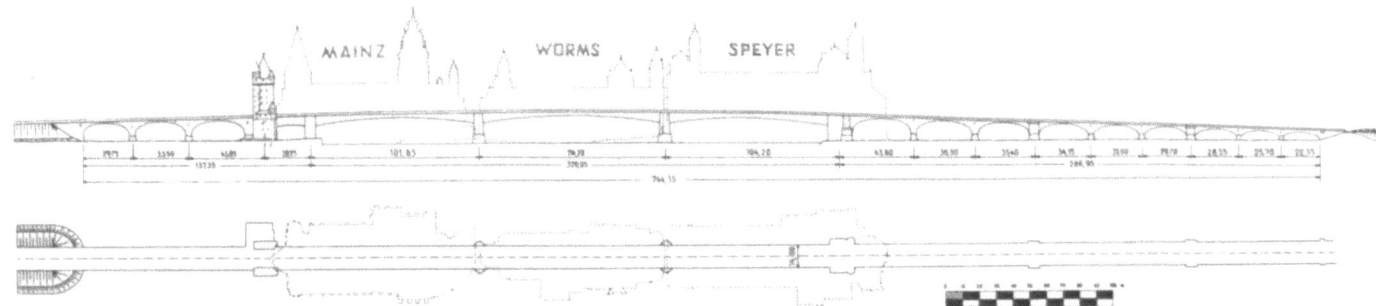

Abb. 1: Maßstäblicher Vergleich der Wormser Brücke mit den alten Domen Mainz, Worms, Speyer

Finsterwalder erdachten Ingenieurbau unter Einpassung in die nach der Zerstörung noch verbliebenen Gegebenheiten verlieh, verkörpert sich das Streben nach höchster Einfachheit, Leichtigkeit mit einer dem Baustoff entsprechenden Klarheit. An dieser neu erbauten Brücke über den Rheinstrom ist nichts Überflüssiges (mit Ausnahme des noch verbliebenen Torturmes auf dem linken Ufer, von dem man sich leider nicht trennen konnte). »Vollkommenheit entsteht offensichtlich nicht dann, wenn man nichts mehr hinzuzufügen hat, sondern wenn man nichts mehr wegnehmen kann. Das Werk in seiner höchsten Vollendung wird unauffällig.«[3]

Monolithisch — d. h. aus einem Stein — spannt sich die Brücke vom Land zur Mitte der ersten Seitenöffnung, von der Mitte der ersten Seitenöffnung bis zur Mitte der Mittelöffnung und von dort bis zur Mitte der anderen Seitenöffnung und zum anderen Ufer in Längen von $\frac{104 \text{ m} + 114 \text{ m}}{2} = 109$ m bzw. $\frac{114 \text{ m} + 106,5 \text{ m}}{2} = 110,25$ m, indem sie vom Land und von den Pfeilern frei vorkragt. In einem Guß ist dabei auch die volle Breite von 14 m über die Gehstege und Fahrbahn erstellt worden.

Am Ufer des Rheinstromes stehen die altehrwürdigen Dome von Speyer – Worms – Mainz, die in tausendjähriger Baugeschichte von den Menschen in tiefer Gläubigkeit errichtet wurden, um von der Macht

---

[1] Paul Bonatz und Fritz Leonhardt: Brücken, Robert Langewiesche-Verlag, Königstein, S. 89.
[2] Aus »Wir und die Technik« 1942. Otto Elsner Verlagsgesellschaft, Berlin-Leipzig, Seite 145.
[3] Antoine de Saint-Exupéry — Terre des Hommes — Wind, Sand und Sterne — Karl Rausch-Verlag, Dessau, 1941, S. 60.

des Christentums zu zeugen. Mühsam wurden die Steine weit herangeschafft, von den Steinmetzen behauen und aufeinandergefügt. — Gewaltig erscheinen uns die Abmessungen, wenn wir davor stehen und dann das Innere betreten. — Generationen um Generationen haben daran geschaffen mit unvorstellbarer Geduld und Liebe. — Mit ihren wuchtigen Quadern haben sie die Stürme der Zeit überdauert und schauen nun hinab auf das neueste Werk, das Menschengeist und Menschenhände geschaffen. Nicht in Jahrhunderten — sondern in wenigen Monaten emsiger Arbeit ist mit den Hilfsmitteln der Technik unserer Zeit und mit völlig neuen, kühnen Methoden ein Bauwerk entstanden, dessen Abmessungen denen der aus ungezählten Bausteinen zusammengefügten Dome nicht nachsteht.

Einhundertvierzehn Meter mißt der Wormser Dom vom Ostchor zum Westchor
Einhundertvierzehn Meter mißt die Mittelöffnung der Wormser Brücke

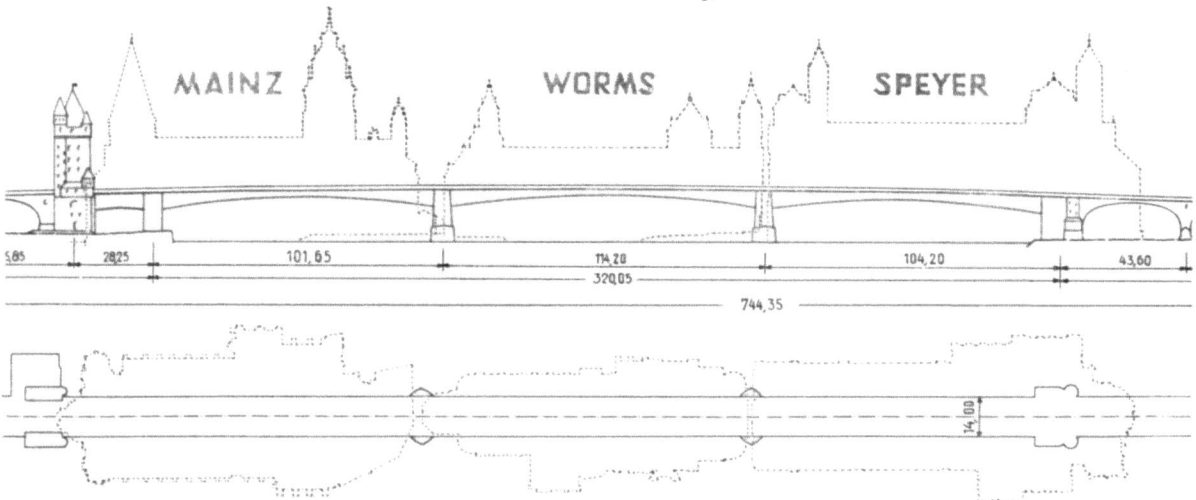

Abb. 1a: Maßstäblicher Vergleich der Wormser Brücke mit den alten Domen Mainz, Worms, Speyer (Ausschnitt)

Die in den gleichen Zeiten entstandenen Dome von Speyer und Mainz haben ähnliche Abmessungen. Man muß diese uns alle wohlbekannten Bauwerke einmal in maßstäblicher Beziehung zu unseren neuen Ingenieurbauwerken setzen und Bauzeit, Materialaufwand sowie die jeweilige Eigenart der Baukonstruktion einander gegenüberstellen, um die Entwicklung der Baukunst und den technischen Fortschritt zu ermessen, die durch systematische Forschung und Erkenntnisse in den letzten einhundertfünfzig Jahren sprunghaft ermöglicht wurden.

Die weite offene Flußlandschaft am Rheinstrom bei Worms hat ihren eigenen Maßstab, in dessen Größe sich dieses Menschenwerk trotz seiner Gesamtlänge (900 m), Höhe (18,5 m) und Breite (14 m) verliert. Das unbebaute rechte Flußufer, die spärliche Bebauung am linken Ufer und der weite Abstand bekannter Bauwerke wie Dom und Liebfrauenkirche einerseits, der übrig gebliebene gigantische Torturm (48,70 m hoch) über dem linken Rheinufer andererseits bewirken hier, daß zunächst die Beziehung zum Menschen als dem Maßstab seiner Werke verloren geht.

Es gibt in der näheren Umgebung der Brücke keinen Standpunkt, von dem aus das Bauwerk in seiner ganzen Länge auf einen Blick optisch erfaßt werden kann.

Und was ist nun an diesem neuen Bauwerksteil, der eigentlichen Strombrücke besonders bemerkenswert? Ungewöhnlich sind zunächst die *Pfeiler*, die über den ca. 7 m tief unter der Flußsohle gegründeten Caissons der alten Brücke mit einem breiten Fuß aufgesetzt sind. Sie werden in zwei mächtigen Schäften hochgeführt, welche die Kräfte aus dem Tragwerk in den Baugrund leiten. Aus diesen Pfeilerschäften wächst organisch das Tragwerk der drei Flußöffnungen (104 + 114 + 106,5 m) heraus.

Der Beschauer glaubt zunächst, es handle sich um Bogen, die sich mit leichtem Schwung von einem Ufer zu den beiden Pfeilern und dem andern Ufer wölben. Doch hier ist eine im Massivbrückenbau *neue Idee* verwirklicht. Von den mit dem Untergrund besonders verankerten Landwiderlagern und den beiden Flußpfeilern *kragen* die an der Unterkante gekrümmten *Balken* als Träger frei vor, um sich jeweils in der Mitte der Öffnung zu treffen. Man kann die Fuge in der Mitte der Flußöffnungen, an der beide Teile zusammenkommen, bei genauem Hinsehen erkennen.

Warum wurde das gemacht, und wie ist es möglich, Betonbalken von über 100 m Länge aus einem Stück von den Pfeilern aus beiderseits bis zu 57 m frei auszukragen?

Das Studium der völlig neuartigen Bauweise und des Arbeitsvorganges, der an anderer Stelle eingehend geschildert ist[4], zeigt, daß man mit Hilfe der nacheinander in den einzelnen Arbeitsabschnitten *angespannten hochwertigen Stahleinlagen* im Beton nach genauer Planung und Berechnung in horizontaler Richtung vorbauen kann, ohne eine Abstützung nach unten, sondern durch eine rückwärtige Verankerung im Bauwerk selbst, sofern der äußere Gleichgewichtszustand erhalten bleibt.

In sinnverwandter ähnlicher Bauweise haben schon die Mönche im Mittelalter mit einem einfachen und leider fast ganz in Vergessenheit geratenen Trick vielfach Tonnen- und Kuppelgewölbe gebaut, ohne dazu besondere Gerüste zu benötigen. — Hierbei wurde durch eine rückwärtige Verankerung mit einem Strick auf den vom Kämpfer aus vorgemauerten Gewölbe jeweils der zuletzt vorgesetzte Stein im Mörtelbett durch ein herabhängendes Gewicht angedrückt. Ein einfacher Stab als Gewölbelehre sicherte die Einhaltung der Gewölbeform. Bei Kuppelgewölben trug sich jeder Gewölbering, sobald er geschlossen war, selbst. Im kleinen Maßstab baut sich die Schwalbe ihr Nest in einzelnen Ringen frei vor!

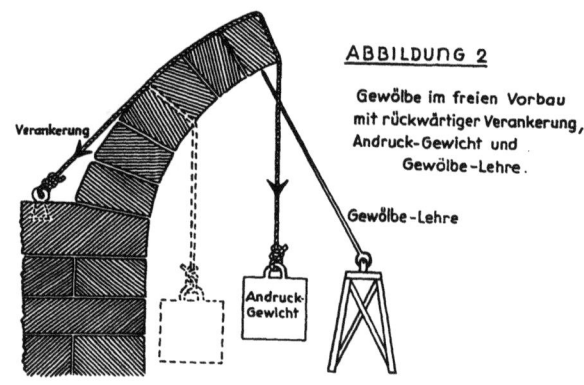

ABBILDUNG 2

Gewölbe im freien Vorbau mit rückwärtiger Verankerung, Andruck-Gewicht und Gewölbe-Lehre.

Die Anwendung dieser Idee bei der Rheinbrücke Worms — nach vorheriger Erprobung im kleineren Maßstab an der Lahnbrücke in Balduinstein (70 m) und der Brücke über den Neckar bei Neckarrems (72 m) gestattete es, auf ein festes Gerüst, wie es sonst bisher im Massivbrückenbau allgemein üblich war und unentbehrlich schien, zu verzichten.[5]

Solche Gerüste, die das gesamte *Gewicht der Gewölbe* tragen müssen, bis sich diese nach dem Ausschalen selbst tragen, verschlingen etwa die Hälfte der Baukosten. Gleichzeitig ergeben sich bei den üblichen Gerüsten Schwierigkeiten, wenn nicht die Gewichtsverteilung der aufgebrachten Baukörper peinlichst beachtet wird und die Durchbiegungen und Senkungen unter der aufgebrachten Belastung vorher berechnet, beziehungsweise berücksichtigt werden. Das Absenken der Bogenrüstungen ist in jedem Falle eine schwierige Prozedur. — In Flüssen mit starker Strömung, Hochwassergefahren und lebhaftem Schiffsverkehr stellen die Gerüste immer eine starke Behinderung dar.

Der Stahlbrückenbau, der sich des »Frei-Vorbaues« schon seit einigen Jahren bediente, zeigte daher bis-

[4] U. Finsterwalder in »Der Bauingenieur« 27. Jahrgang 1952, Heft 5, S. 141—158.
[5] Dr. E. F. Wahl in »Straße und Verkehr« Band 37, Jahrgang 1951, Nr. 10.

lang in dieser Beziehung eine gewisse Überlegenheit. *Worms hat bewiesen, daß im Massiv-brückenbau mit größten Spannweiten der Spannbeton vorgedrungen ist* und den Vorsprung des Stahlbaues eingeholt hat, obwohl der Stahlbau unter dem Einfluß des scharfen Wettbewerbs durch den Stahlbeton seinerseits neue Wege gesucht hat, indem er den Stahl-Beton-Verbundbau beziehungsweise die Verwendung von Leichtfahrbahnkonstruktionen wie die Orthotrope-Platte usw. entwickelte.

Beachtlich ist die *erzielte Sicherheit und Präzision* im Massiv-Brückenbau mit Freivorbau.

Von festen Punkten (auf den massiven Pfeilern und Widerlagern) ausgehend wird ein Arbeitsabschnitt nach dem anderen zu Stein und wird ebenso fortlaufend unter Spannung gesetzt, wobei die entstehenden

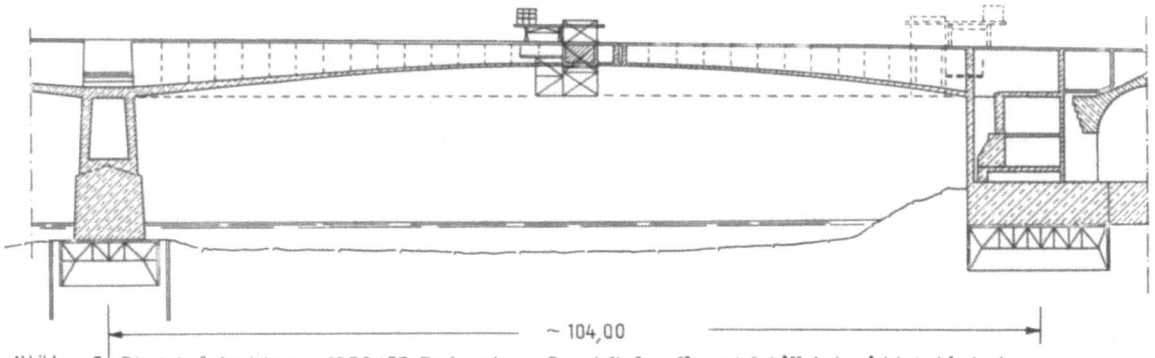

Abbildung 3. Rheinbrücke Worms 1952/53. Freivorbau: Durchflußprofil und Schiffahrt nicht behindert.

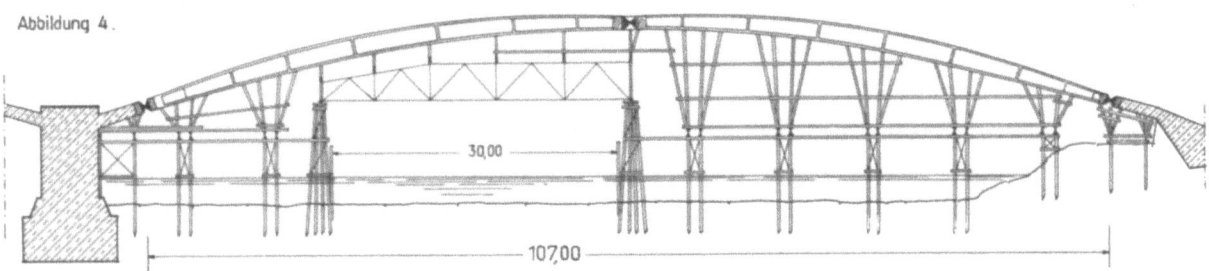

Abbildung 4.

Neue Moselbrücke Koblenz 1932/34. Lehrgerüst: mit Schiffahrtsöffnung – Durchflußprofil stark eingeschränkt durch Gerüstpfähle.

tatsächlichen Durchbiegungen mit den rechnerischen *sofort* verglichen werden können. Das Arbeitsgerüst des verwendeten Vorbauwagens erlaubt Übersicht und freie Zugänglichkeit zu *allen* Teilen des in Arbeit befindlichen Abschnittes — ohne Akrobatik — da jeder Arbeiter stets festen Boden unter den Füßen hat. Die Treppen und Schutzvorrichtungen an demselben bewegen sich mit, wodurch auch die laufende genaue Kontrolle der bereits fertiggestellten Bauteile möglich ist.

Die Benutzung des Vorbauwagens mit der Baubetriebsbelastung von insgesamt ca. 150 bis 200 t ergibt zugleich eine laufende Vor- und Probebelastung der fertiggestellten Bauteile, die in jeweils ungünstigster Lastenstellung die spätere Verkehrsbelastung aus den größten vorkommenden Einzellasten noch übertrifft. Erfreulicherweise konnte die gesamte Ausführung ohne den geringsten Unfall abgewickelt werden, obwohl die Belegschaft zu 75 % aus größtenteils langfristig Arbeitslosen bestand, von denen 60 % berufsfremd waren. Da die Arbeit im freien Vorbau sich in keiner Weise von der auf festem Boden unterscheidet, mußten auch keine Gefahrenzulagen bezahlt werden. Es stellte sich ferner heraus, daß der freie Vorbau sowohl im Sommer bei großer Hitze als auch in den recht rauhen Herbstmonaten bei häufigen Frösten planmäßig vorangetrieben werden konnte, da die wandernde, verhältnismäßig kleine Arbeitsstätte mit geringen Mitteln gegen die Unbilden der Witterung geschützt werden konnte. Eingearbeitete Kolonnen, die auf die stets gleichartigen Arbeitsgänge geschult werden, sind im Stande, die Arbeitsabschnitte von je 3 m Länge in zügiger Form durchzuführen und somit einen knappen Bauzeitplan einzuhalten.

In Worms waren für die drei gleichzeitig angesetzten Vorbauwagen je ca. 40 t Baustahl und die mitwandernde gehobelte Holzschalung benötigt. Die Vorbauwagen sind dabei je dreißigmal umgesetzt worden und sind noch für künftige Baustellen wieder verwendungsfähig. Die Holzschalung war nach achtzehnmaliger Verwendung verbraucht.

Zum Vergleich sei angeführt, daß der Bau der neuen Moselbrücke in Koblenz in den Jahren 1932/34 bei fast gleichen Abmessungen einen Aufwand von rund 4 600 cbm verzimmertes Holz erforderte, obwohl hierbei die Oberrüstung durch Verschieben von der einen Brückenhälfte zur anderen zweimal verwendet wurde. Das Freihalten einer kleinen Schiffahrtsöffnung von dreißig Metern erfolgte darüber hinaus mittels einer entsprechenden Stahlkonstruktion.

Bei der großen Knappheit an Baustoffen und den stark angestiegenen Preisen für Schnittholz und Gerüstholz zeigt die neue Bauweise zugleich ihren großen volkswirtschaftlichen Nutzen, da hierbei nur mit einem Bruchteil des bisher üblichen Verbrauchs auszukommen ist.

In der Entwicklung der jahrtausende alten Brückenbaukunst, die die Menschen aller Zeiten und aller Völker veranlaßte, immer wieder neue und bessere Methoden zur Überwindung der natürlichen und künstlichen Hindernisse in den Verkehrswegen zu suchen, ist Worms durch die schlichte Einfachheit und den geringen Aufwand zur Erzielung einer gewaltigen Leistung ein schon heute viel beachteter und anerkannter Markstein.

Nach den Vorversuchen und den hierbei gewonnenen Erkenntnissen und Erfahrungen sowie den eingehenden Überlegungen vor Inangriffnahme des Baues waren die dafür Verantwortlichen der Überzeugung, daß die Anwendung dieses neuen und fortschrittlichen Brückenbauverfahrens mit Sicherheit zum Ziel führt.

Dieses Bekenntnis zum technischen Fortschritt wird durch die gelungene Ausführung bekräftigt.

I. VORGESCHICHTE

Wie nahezu alle großen Rheinbrücken wurde auch die Straßenbrücke bei Worms im Zuge der heutigen Bundesstraße 47 noch kurz vor Beendigung des letzten Krieges durch Sprengungen zerstört. Das weithin als Nibelungenbrücke bekannte Bauwerk war um die Jahrhundertwende von der MAN, Werk Gustavsburg und von Grün & Bilfinger Mannheim, in Gemeinschaftsarbeit errichtet worden. Die Brücke über den drei Stromöffnungen war eine Fachwerkbogenkonstruktion in Stahl mit aufgeständerter

Abbildung 1

Fahrbahn (s. Abb. 1). Sie wurde einschließlich der beiden Strompfeiler bis auf die im Strombett liegenden Senkkasten zerstört. Zu beiden Seiten des Rheins schließen sich an die Strombrücke die Vorlandbrücken an. Sie sind als Stampfbetongewölbe ausgeführt worden und unversehrt geblieben.

Bei der Neuplanung der Strombrücke war auf diese Gegebenheiten Rücksicht zu nehmen, um eine harmonische Einfügung des neuen Überbaues in die bestehenden Bauwerksteile zu erreichen.

Nach Vorarbeiten durch die Direktion der Straßenverwaltung Rheinland-Pfalz begann die Bauunternehmung Dyckerhoff & Widmann KG. im Herbst des Jahres 1950 mit der Bearbeitung des Entwurfes einer Betonbrücke

(s. Abb. 2 und 20) in Dywidag-Spannbeton unter Mitwirkung des Kölner Architekten Dipl. Ing. Gerd Lohmer. Aus den — auf Grund einer beschränkten Ausschreibung unter sechs führenden deutschen Beton- und Stahlbaufirmen — eingereichten Entwürfen wurde im Mai 1951 von der Straßenverwaltung Rheinland-Pfalz im Auftrage des Bundes und der beteiligten Länder Rheinland-Pfalz und Hessen der Entwurf

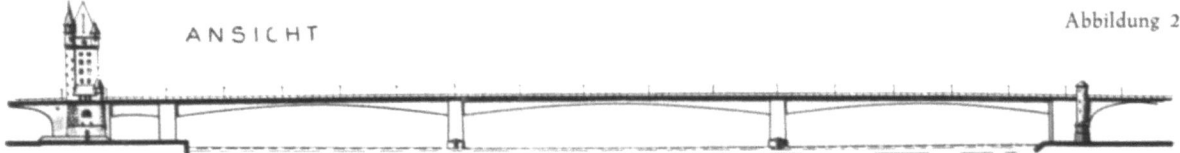

Abbildung 2

einer im freien Vorbau zu erstellenden Spannbetonbrücke der Dyckerhoff & Widmann KG. ausgewählt und zur Ausführung bestimmt, weil er sich nach den Grundsätzen der Verdingungsordnung als der günstigste erwiesen hatte.

II. DAS BRÜCKENSYSTEM

Der neue Stromüberbau ist in seinen Stützweiten im wesentlichen an die der zerstörten Stahlbrücke gebunden, da für den Neubau der Strompfeiler die stehengebliebene Senkkastengründung der alten Pfeiler wieder verwendet werden konnte. Dadurch ergaben sich wiederum drei annähernd gleich große Stromöffnungen von 101,65 m, 114,20 m und 104,20 m Weite (s. Abb. 3). Infolge der Bindung an die

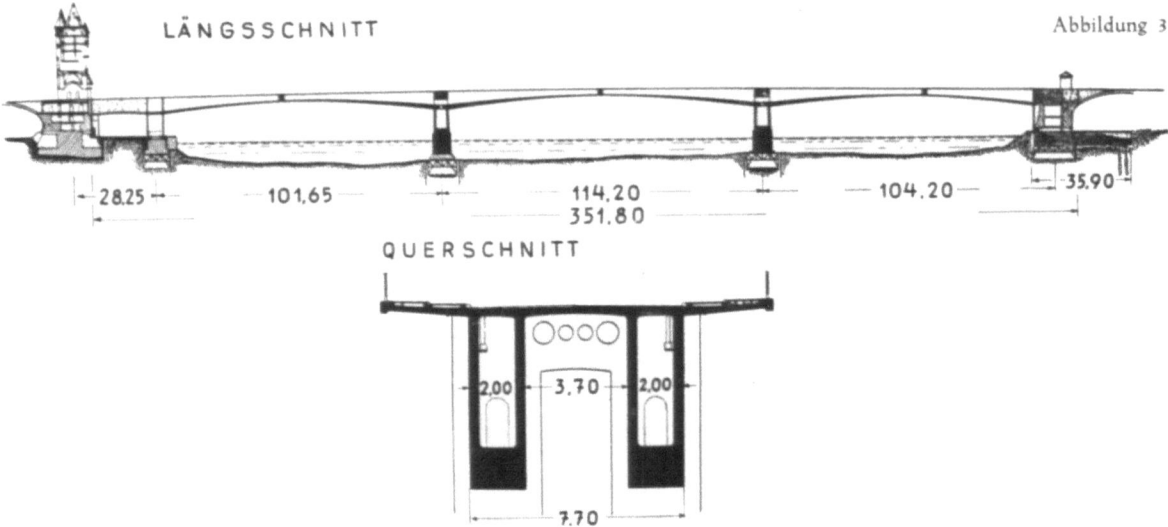

Abbildung 3

Stützweiten der früheren Brücke und mit Rücksicht auf die Errichtung im freien Vorbau wurde für den neuen Überbau ein System von Kragträgern gewählt, die untereinander durch Gelenke verbunden sind. Die beiden Strompfeiler stehen auf einem bis zur Höhe des höchsten Hochwasserstandes reichenden massiven Fuß. Aus diesem ragt der zweiteilige als Stahlbeton-Hohlkasten ausgebildete Schaft des Pfeilers empor und aus dem Pfeilerkopf kragen die Träger des Überbaues symmetrisch nach beiden Seiten aus. Auch von den beiden Ufern des Stromes kragen die Träger in die Seitenöffnungen vor. Um dies zu ermöglichen, waren besondere Maßnahmen erforderlich. Auf dem linken Rheinufer mußte das bei der Sprengung heil gebliebene Gewölbe der Landöffnung neben dem Brückenturm und der Uferpfeiler vollkommen abgetragen werden. Anstelle des massiven Landpfeilers ist ein zweiteiliger Stahlbetonhohlpfeiler errichtet worden, in dem der in die linke Stromöffnung vorkragende Träger eingespannt ist. Das Gegengewicht dieses Trägers bildet der ebenfalls im Pfeiler eingespannte Überbau der Landöffnung, an dessen Ende eine Stampfbetonwand als Ballast angehängt ist. Ihr Gewicht ist so bemessen, daß auch bei extremer Stellung der Verkehrsbelastung die Resultierende aller Lasten innerhalb des Kerns der Pfeilergrundfläche bleibt. Auf dem rechten Rheinufer ist eine unmittelbare Rückverankerung des aus dem Widerlager auskragenden Brückenteiles nicht möglich gewesen, weil das Widerlager seinerzeit für die Aufnahme des Horizontalschubs des Bogens der rechten Stromöffnung und der anschließenden ersten Flutöffnung konstruiert worden war. Der Wegfall des Horizontalschubs des zerstörten Bogens und das Hinzukommen des auskragenden Trägers, der auf das Widerlager ein entgegengesetzt drehendes Moment ausübt, hätten ein Kippen des Widerlagers um die wasserseitige Kante bewirkt. Es mußte deshalb die in Abbildung 4 dargestellte etwa 36 m lange Auslegerkonstruktion eingebaut werden, die auf dem Senk-

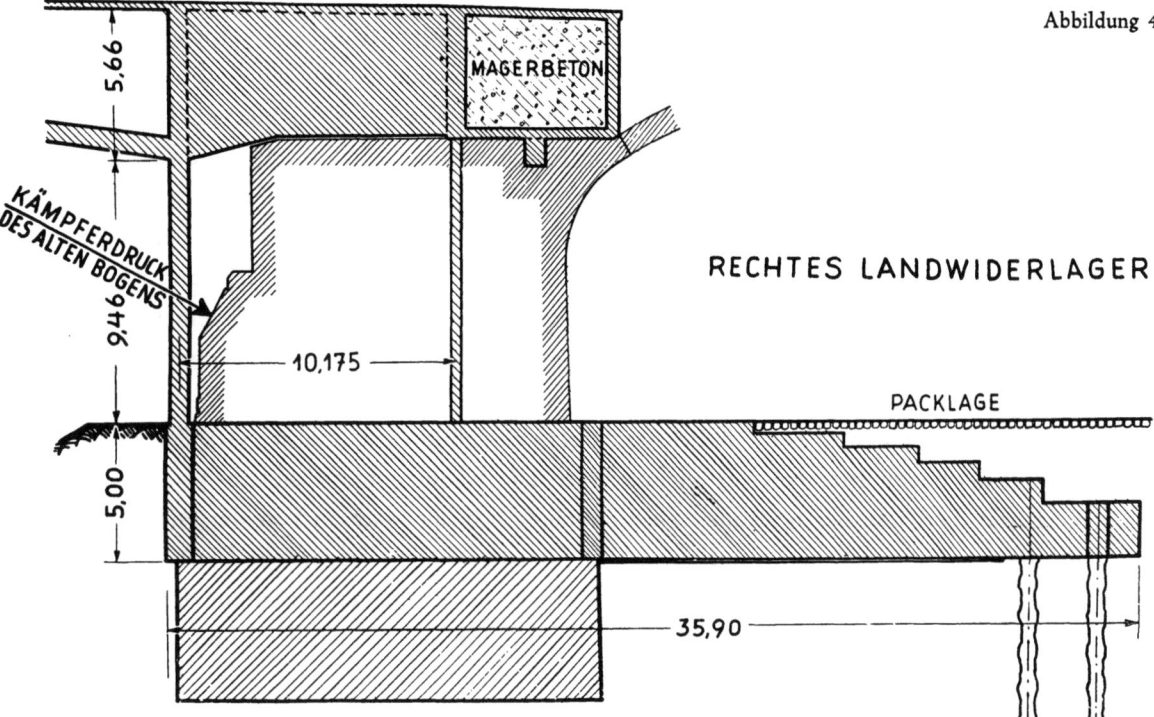

Abbildung 4

kasten des Widerlagers aufruht und etwa 20 m weit über dessen landseitige Kante vorragt. Das dem auskragenden Überbau entgegenwirkende Drehmoment des Auslegers zwingt die resultierende Stützkraft wieder in den Kernbereich der Bodenfuge und verhindert das Kippen des Widerlagers. Der Ausleger liegt unterhalb der Erdgleiche und besteht aus drei Trägern mit einer Höhe von 5 m. Die Aufteilung in drei Träger war notwendig, weil im Widerlagerfundament oberhalb des Senkkastens drei Sparöffnungen vorhanden waren. Durch Querträger an den beiden Enden und in der Mitte sind die drei Längsträger zu gemeinsamer Wirkung verbunden. Das Kragmoment des Überbaues wird durch Aufspaltung in ein Kräftepaar auf den Ausleger übertragen. Die Druckkraft wird von der vor das Widerlager gestellten Stützwand in die Auslegerträger eingeleitet. Von drei Spannbetonzugankern wird die Zugkraft übernommen. Die Möglichkeit, eine Rückverankerung der eben beschriebenen Art auszuführen, bildete die Voraussetzung für die Anwendung des Kragträgersystems und damit den Schlüssel zur Lösung der gestellten Entwurfsaufgabe.

Die auskragenden Träger des Überbaues sind in den Mitten der drei Öffnungen durch Gelenke miteinander gekoppelt, so daß unter der Wirkung der Verkehrslast und des Kriechens keine ungleichen Durchbiegungen zweier gegenüberliegender Kragträger entstehen können. Diese Gelenke sind als Rollenlager ausgebildet. Sie ermöglichen gegenseitige Längsverschiebungen der beiden aneinander stoßenden Träger infolge Temperaturänderungen und infolge des Kriechens und Schwindens des Betons. Es treten demnach, wenn man von der Lagerreibung absieht, keine Zwängungsspannungen infolge behinderter Längsverschiebungen auf. Bei einseitiger Verkehrsbelastung werden dagegen Querkräfte von einem Arm zum anderen übertragen.

III. DER ÜBERBAU, FAHRBAHN UND HAUPTTRÄGER

Die nutzbare Breite der Brücke zwischen den Geländern ist gegenüber früher um 3 m vergrößert worden und beträgt 13,50 m. Hiervon entfallen 7,50 m auf die Fahrbahn und je zwei mal 1,50 m auf die beiderseitigen Geh- und Radwege. Die Brückentafel kragt zu beiden Seiten 2,87 m über die Hauptträger aus und stützt sich in der Querrichtung auf deren vier Tragwände. Sie ist 25 bis 30 cm dick und erhält in der Querrichtung und als Teil der Hauptträger auch in der Längsrichtung eine kräftige Druckvorspannung. Es kann deshalb auf eine besondere Dichtungsschicht verzichtet werden. Der als Fahrbahnbelag verwendete Hartgußasphalt mit 5 cm Dicke wird unmittelbar auf die Platte aufgewalzt. Die Geh- und Radwege sind mit Stahlbetonplatten abgedeckt, die als Fertigbauteile verlegt werden und ebenfalls einen Asphaltbelag von 2 cm Dicke erhalten. Der unter diesen Platten verbleibende Hohlraum wird zur Unterbringung von Stromkabeln verwendet.

Die beiden Hauptträger sind in Form zweier Hohlkasten ausgebildet. Je zwei der vier Tragwände bilden zusammen mit der Bodenplatte einen Hohlquerschnitt. Die Wände sind gleichbleibend 35 cm dick, die Trägerhöhe und die Dicke der Bodenplatte sind veränderlich. Sie wachsen von der Mitte zum Pfeiler hin stetig an entsprechend dem Anwachsen der Biegemomente. Die Trägerhöhe beträgt in der Mitte nur 2,5 m und am Anschnitt des Strompfeilers 6,5m. Wegen der geringeren Ausladung der beiden Seitenträger genügt bei diesen eine Höhe von 6 m am eingespannten Ende. Wie aus der Abbildung 2 erkennbar ist, zeichnet sich die Brücke durch eine ungewöhnliche Schlankheit aus.

Bei dem in Worms angewandten System tritt der Vorzug des Kragträgers mit veränderlicher Höhe deutlich in Erscheinung. Die großen Eigengewichtslasten wirken nahe der Einspannstelle. Sie erzeugen, da sie an einem kurzen Hebelarm drehen, keine großen Momente und das Einspannmoment wird mit dem größtmöglichen Hebelarm der inneren Kräfte aufgenommen. Durch die Kopplung je zweier Träger nach Beendigung des Vorbaues ergeben sich unter Verkehrslast zwar auch Wechselmomente. Sie erreichen jedoch nicht die Größe derjenigen, die bei durchlaufenden Trägern in den Innenfeldern auftreten und die durch die Vorspannung nur unwirtschaftlich aufgenommen werden können.

Die im Vergleich mit dem Durchlaufträger größere Durchbiegung des Kragträgers spielt im Massivbau und insbesondere bei der Anwendung von Spannbeton keine entscheidende Rolle, da die Verformungen wegen der großen Steifigkeit sowieso klein sind und durch die Vorspannung weiter vermindert werden.

IV. DER FREIE VORBAU

Beim Bau weitgespannter Brücken aus Beton erfordert die Herstellung der Lehrgerüste einen beträchtlichen Aufwand an Holz und Bauzeit, so daß nicht selten die Gerüstkosten ein Drittel der gesamten Bausumme betragen, obwohl die Gerüste nur einem vorübergehenden Zweck dienen. Überspannt die Brücke einen Fluß, dessen Schiffahrt die Baustelle während der ganzen Bauzeit ungehindert passieren muß, so stellt das Lehrgerüst, dessen Schiffahrtsöffnung dann meist mit einer Stahlkonstruktion überbrückt werden muß, selbst schon ein bedeutendes Brückenbauwerk dar. Oft bereitete nach dem Kriege das Rammen der Gerüstpfähle beim Wiederaufbau zerstörter Brücken unvorhergesehene Schwierigkeiten, wenn Trümmer der gesprengten Brücke noch im Flußbett lagen. Aus allen diesen Gründen schien es dringend geboten, ein Verfahren zu entwickeln, das es gestattet, eine Brücke ohne festes Gerüst, so wie es im Stahlbrückenbau üblich ist, frei auskragend vorzubauen. Das bei der Nibelungenbrücke in Worms angewandte Verfahren hat bereits beim Bau zweier Brücken mit 60 m und 71 m Spannweite seine Probe erfolgreich bestanden. Der freie Vorbau ist naturgemäß nur bei einem Kragträger möglich. Mit Hilfe eines auf einem Gleis fahrbaren Vorbaugerüstes, Vorbauwagen genannt, wurde abschnittsweise in Längen von 3 m vorgebaut (siehe Abb. 5). Über den beiden Hohlkasten der Hauptträger liefen vier Paar Stahlträger (I NP 47 $^1/_2$).

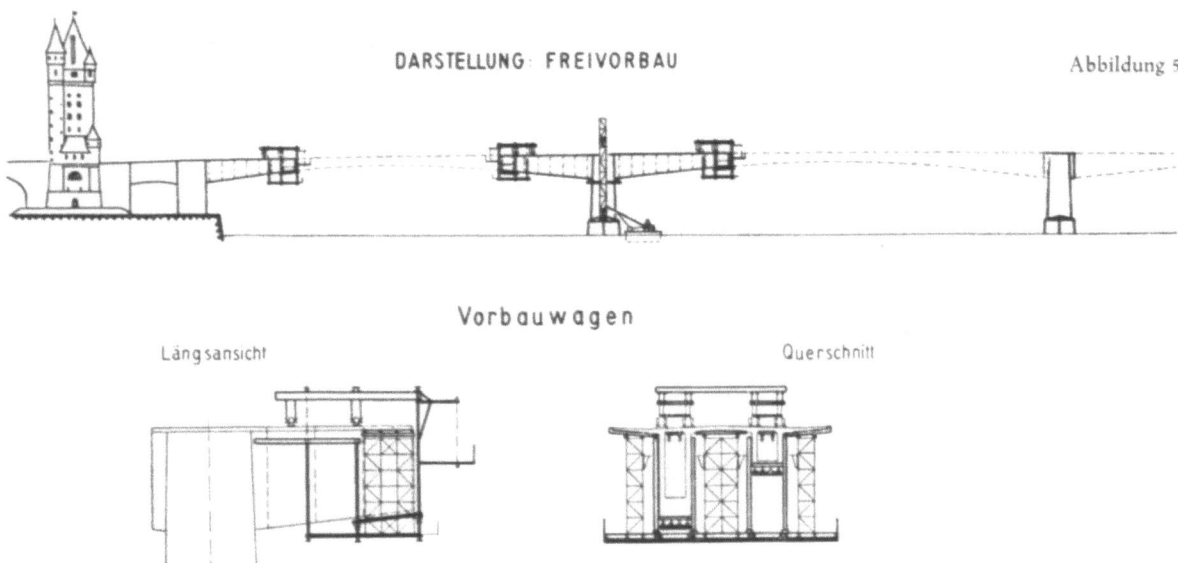

Abbildung 5

Sie kragten über den fertiggestellten Brückenteil um etwa 4 m über. An ihren Enden sowie an den Wänden des vorhergehenden Bauabschnittes war mit Hängestangen eine Arbeitsbühne befestigt, die die erforderliche Rüstung und Schalung für den neuen Abschnitt trug. Als Rüstung diente Strahlrohrgerüst. Die Schalung bestand aus einzelnen Tafeln, die bei den langen Kragträgern 18 mal und bei den kurzen Trägern dreizehn- bzw. vierzehnmal verwendet wurden. Die Schaltafeln der Außenwände in der Größe von 3,0 x 6,5 m² waren aus lotrecht stehenden, 10 cm breiten Brettern zusammengebaut. Sie hingen an Schwenkarmen, die an dem Stahlrohrgerüst befestigt waren. Auf diese Weise ließen sich die schweren Schaltafeln beim Ausrüsten leicht handhaben. Boden und Fahrbahntafel sind quer geschalt. Die Schaltafel des Trägerbodens lag zwischen den beiden Tafeln der Außenwände des Kastens. Laufend mit dem Vorbau wurde sie höher gesetzt, ohne daß die Seitentafeln verändert werden mußten. Zur genauen Höheneinstellung war der Vorbauwagen mit hydraulischen Hebeböcken ausgerüstet.

Das oben geschilderte Verfahren des freien Vorbaues bietet ausführungstechnisch bedeutende Vorteile. Die vielmalige Wiederholung gleichgearteter Arbeitsgänge ermöglicht die Aufteilung der gesamten Arbeit in einzelne Arbeitstakte, wie das Vorfahren und Einrichten der Vorbaurüstung, das Einrichten der einzelnen Schaltafeln, den Einbau der Bewehrung, das Betonieren und nach dem Erhärten des Betons das Vorspannen der am Ende des neuen Abschnitts zu verankernden Stäbe und das nachträgliche Herstellen des Verbundes. Die für die Fertigstellung eines 3 m-Abschnittes aufzuwendende Zeit beträgt je nach der einzubauenden Beton- und Stahlmenge und je nach den Witterungsverhältnissen fünf bis sieben Tage einschließlich der Erhärtungszeit.

V. BELASTUNGSANNAHMEN UND BAUSTOFFE

Der neue Überbau ist für die Brückenklasse 60 der DIN 1072, Straßen- und Wegbrücken, Lastannahmen, bemessen. Der statischen Untersuchung liegen ferner zugrunde die Vorschriften DIN 1045, Bestimmungen für die Ausführung von Bauwerken aus Stahlbeton, DIN 1075, Massive Brücken, Berechnungsgrundlagen sowie DIN 4227, Vorgespannte Stahlbetonbauteile, Richtlinien für die Bemessung.

Der hochbeanspruchte Beton des Überbaues hat eine Betongüte B 450. Die Pfeiler und die Auslegerkonstruktion am rechten Ufer sind mit einer Betongüte B 300 hergestellt. Der Beton wurde mit Zement der Dyckerhoff Portland-Zementwerke AG. Wiesbaden-Amöneburg bereitet. Mit Rücksicht auf den raschen Baufortschritt beim freien Vorbau waren hohe Anfangsfestigkeiten erforderlich. Es wurde deshalb im Überbau der Beton mit 350 kg Z 425 je m^3 fertigen Betons hergestellt. Zur besseren Verarbeitbarkeit des Betons wurde Plastiment zugesetzt. Für die übrigen Bauteile wurde Zement Z 325 verwendet.

Als Spannbewehrung diente Spannbetonstahl Sigma 60/90 der Hüttenwerke Rheinhausen AG.[1] Die schlaffe Bewehrung besteht aus Betonstahl I, II, III und Baustahlgewebe.

VI. DIE STATISCHE UNTERSUCHUNG UND DIE KONSTRUKTIVE DURCHBILDUNG DES BAUWERKES

Der Überbau besteht im Bauzustand aus vier voneinander unabhängigen, statisch bestimmten Kragträgern. Nach Beendigung des Vorbaues werden die einzelnen Träger durch den Einbau der drei Mittelgelenke miteinander zu gemeinsamer Wirkung verbunden und das Tragwerk wird dreifach statisch unbestimmt. Auf diese Änderung des statischen Systems sowie auf die durch den freien Vorbau bedingten Besonderheiten mußte bei der Aufstellung der statischen Berechnung Rücksicht genommen werden.

Bei der Untersuchung des Tragwerks für die ständigen Lasten war darauf zu achten, daß ein Teil, nämlich das Eigengewicht im statisch bestimmten, der Rest, d. s. in der Hauptsache die Fahrbahnaufbauten, dagegen im statisch unbestimmten System wirkt. Von Interesse ist der Einfluß des Kriechens des Betons auf den Spannungszustand des Tragwerkes. Während sich bekanntlich in einem statisch unbestimmten System

---

[1] Näheres siehe W. Jäniche, Neue Erkenntnisse über Festigkeitseigenschaften und Beanspruchbarkeiten von Spannbetonstählen, Beton- und Stahlbetonbau 1951, S. 161.

mit einheitlichem Elastizitätsmodul die Schnittkräfte aus ständiger Belastung unter dem Einfluß des Kriechens nicht ändern, findet im vorliegenden Falle eine Kräfteumlagerung unter Eigengewicht statt, weil das System nachträglich durch den Einbau der Gelenke eine Änderung erfahren hat.

Die in den Seitenöffnungen aneinander stoßenden Träger sind ungleich lang. Ihre Einspannungsverhältnisse sind verschieden. Also sind auch die elastischen Durchbiegungen der später durch Gelenke zu verbindenden Trägerenden ungleich groß. Durch entsprechende Überhöhung kann erreicht werden, daß die Trägerenden zum Einbau des Gelenkes auf gleicher Höhe sind. Zu diesem Zeitpunkt ist das Gelenk querkraftfrei. Unter dem Einfluß des Kriechens ist jedoch der längere der beiden Träger bestrebt, sich stärker durchzubiegen als der benachbarte kürzere Arm. Da beide durch das Gelenk zusammengehalten sind, sich also um das gleiche Maß durchbiegen müssen, entsteht im Gelenk eine Querkraft, die im Laufe der Zeit einem Grenzwert zustrebt. Die Größe der Querkraft folgt aus einer Betrachtung der Gelenkfuge zum Zeitpunkt t, wenn man das Gelenk gelöst denkt. Die Verträglichkeitsbedingung lautet für das Zeitelement dt:

$$\delta_{1g} \cdot \frac{d\varphi}{dt} + \delta_{11} \cdot X(t) \cdot \frac{d\varphi}{dt} + \delta_{11} \cdot \frac{dX(t)}{dt} = 0$$

Nach Multiplikation mit $\frac{1}{\delta_{11}} \cdot \frac{dt}{d\varphi}$ ergibt sich die Differentialgleichung

$$\frac{dX(\varphi)}{d\varphi} + X(\varphi) + \frac{\delta_{1g}}{\delta_{11}} = 0$$

Setzt man $X_0 = -\frac{\delta_{1g}}{\delta_{11}}$, das ist die Gelenkquerkraft, die entstanden wäre, wenn das Tragwerk auf einem Gerüst hergestellt und auf einmal ausgerüstet worden wäre, so ist

$$\frac{dX(\varphi)}{d\varphi} + X(\varphi) - X_0 = 0.$$

Mit der Anfangsbedingung $\varphi = 0$, $X(\varphi) = 0$ lautet die Lösung für den Zeitpunkt $t = \infty$, d. i. nach Beendigung des Kriechvorganges, $\quad X(\varphi\infty) = X_0 \cdot (1 - e^{-\varphi\infty})$

$\varphi\infty$ ist die Endkriechzahl. Für die dem vorliegenden Falle zugrunde gelegte Endkriechzahl $\varphi\infty = 2$ errechnete sich eine Gelenkquerkraft von rund 86 % derjenigen, die sich eingestellt hätte, wenn das Trägereigengewicht von Anfang an im endgültigen System gewirkt hätte.

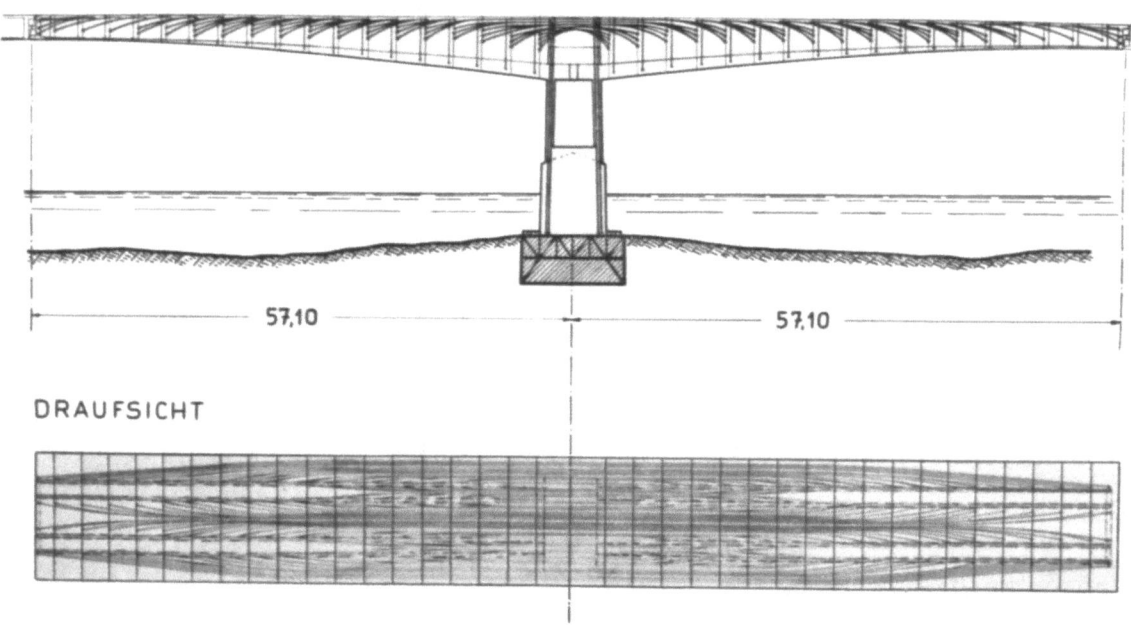

LÄNGSSCHNITT VORSPANNSCHEMA DES ÜBERBAUES Abbildung 6

DRAUFSICHT

Ähnliche Überlegungen waren für die beiden Träger der Mittelöffnung anzustellen. Hier ist die Form und die Stützung beider Arme zwar gleich, aber es besteht — durch den Bauvorgang bedingt — zwischen den beiden Trägern ein Altersunterschied von etwa einem halben Jahr. Demzufolge tritt auch hier unter dem Einfluß des Kriechens eine Gelenkquerkraft aus Eigengewicht auf. Bei der Konstruktion der Gelenke und der Konsolen ist vorgesorgt worden, daß später durch Einbau von Pressen die tatsächliche Querkraft gemessen werden kann.

Die Vorspannung des Tragwerkes wurde nach dem bekannten Verfahren der Dyckerhoff & Widmann KG.[1] durchgeführt. Die Spannbewehrung der auskragenden Träger des Überbaues ist dem Verlauf der Hauptzugspannungstrajektorien angepaßt und der Abnahme der Biegemomente entsprechend abgestuft. Abbildung 6 zeigt in schematischer Darstellung die Führung der Spannbewehrung in dem vom Strompfeiler aus vorgebauten Träger. Insgesamt sind an der Einspannstelle dieses Trägers im Strompfeiler 486 Stränge $\varnothing$ 26 mm vorhanden. Am Ende jedes Bauabschnittes werden i. M. 24 Stränge gespannt und verankert, so daß mit der Fertigstellung eines neuen Bauabschnittes die Anzahl der gespannten und daher zur Lastaufnahme befähigten Stäbe i. M. um je 24 Stück zunimmt. Die übrigen Stränge werden in Röhrchen längsbeweglich weitergeführt und durch Ansetzen neuer Stäbe verlängert.

Die weitaus größte Zahl der Stränge wird in den vier Tragwänden verankert. Am Anschnitt des Pfeilers sind die 486 Stränge annähernd gleichmäßig über die Fahrbahnplatte und den oberen Teil der Tragwände verteilt. Gegen das Trägerende hin werden die Stäbe an die Wände herangeführt und die jeweils untersten werden verankert. Bild 7 zeigt den Querschnitt des Trägers am Strompfeiler mit der Anordnung der Bewehrung. Die Längsstäbe sind möglichst alle unter den Querstäben der Platte angeordnet, um das Einführen der Spannstäbe in die vier Wände zu erleichtern und um möglichst wenig Kreuzungen zwischen Quer- und Längsstäben zu bekommen. Die Stränge der Spannbewehrung werden aus Einzel-

QUERSCHNITT AM STROMPFEILER Abbildung 7

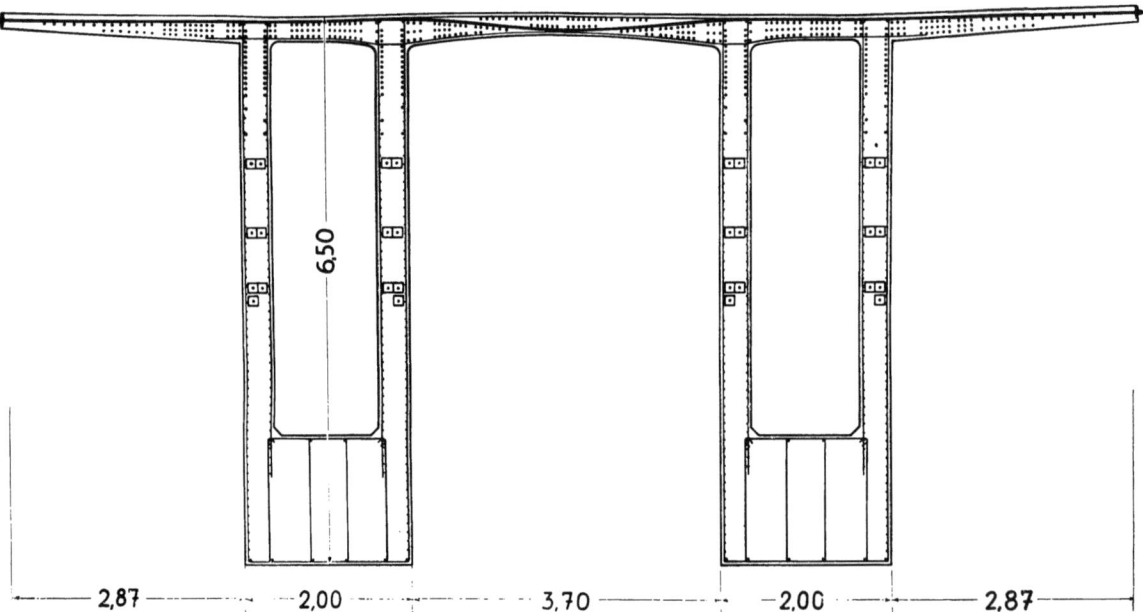

[1] U. Finsterwalder, Dywidag-Spannbeton, Bauingenieur 1952 S. 141.

stäben von je 6 m Länge mit Muffenverbindungen zusammengesetzt. Daraus ergibt sich, daß am Ende eines jeden Bauabschnittes, d. i. also alle 3,0 m, die Hälfte der darüber hinaus weiterzuführenden Stränge gestoßen wird. Die vier Tragwände sind mit einem Baustahlgewebenetz 5.5.1000.100 bewehrt.

Die Träger des Überbaues, die aus den beiden Strompfeilern auskragen, haben an der Einspannstelle aus ständiger Last ein Biegemoment von 36 600 tm zu übernehmen. Aus Verkehrslast wirken in diesem Querschnitt 8 000 tm, also aus Vollast insgesamt 44 600 tm. Die Spannkraft der 486 Stränge $\varnothing$ 26 mm erzeugt im gleichen Querschnitt eine exzentrisch wirkende Druckkraft von 10 800 t. Infolge des Kriechens und Schwindens des Betons ermäßigt sich diese Kraft nach Beendigung der beiden Vorgänge um 2 000 t auf 8 800 t. Das durch die ausmittige Lage der Spannglieder hervorgerufene Biegemoment wirkt dem der äußeren Lasten entgegen mit einer Größe von 33 300 tm vor dem Kriechen und Schwinden, bzw. mit 27 500 tm nachher. Mit den vorstehend genannten Werten haben sich die in der folgenden Tafel angegebenen Randspannungen im Beton ergeben:

Lastfall	oberer Rand kg/cm²	unterer Rand kg/cm²
Ständige Last und Vorspannung vor dem Kriechen und Schwinden	− 54	− 79
Ständige Last und Vorspannung nach dem Kriechen und Schwinden	− 16	− 90
Ständige Last und Vorspannung nach dem Kriechen und Schwinden und volle Verkehrslast in ungünstigster Stellung	+ 22	−130

Die Beanspruchungen der beiden von Land auskragenden Träger in den Seitenöffnungen sind etwas geringer als die der Mittelträger.

Die Verbindung zweier gegenüberliegender Träger wird, wie bereits erwähnt, durch Rollenlager aus Stahlguß hergestellt. Die größte im Gelenk auftretende Querkraft beträgt rund 90 t. Davon entfallen 70 t auf die Verkehrslast und 20 t auf den Einfluß des Kriechens. Die Kraft verteilt sich auf vier Einzellager. Da das Vorzeichen der Querkraft infolge Verkehrsbelastung wechselt, wurde das Gelenk mit acht Spannstäben $\varnothing$ 26 mm vorgespannt. Durch diese Maßnahme wurde erreicht, daß auch bei negativer Querkraft die Rollenlager unter Druck stehen und ein Klappern der Lager ausgeschlossen ist.

Die Berechnung der Biegemomente der Fahrbahnplatte infolge Verkehrslast konnte durch Verwendung der Berechnungstafeln von Rüsch, Heft 106 des Deutschen Ausschusses für Stahlbeton, bedeutend vereinfacht und abgekürzt werden. Da der Überbau Querträger nur neben den Mittelgelenken und an den Pfeilern besitzt, fällt der Fahrbahnplatte im übrigen Trägerbereich die Aufgabe der Lastverteilung zu. Diese zusätzliche Beanspruchung der Platte bei einseitig über einem der beiden Hohlkasten stehender Verkehrslast wurde näherungsweise untersucht und in der Spannungsberechnung nachgewiesen. Die Stäbe der Spannbewehrung der Platte (siehe Abb. 7) liegen im gegenseitigen Abstand von 40 cm.

VORSPANNBEWEHRUNG DES QUERTRÄGERS Abbildung 8

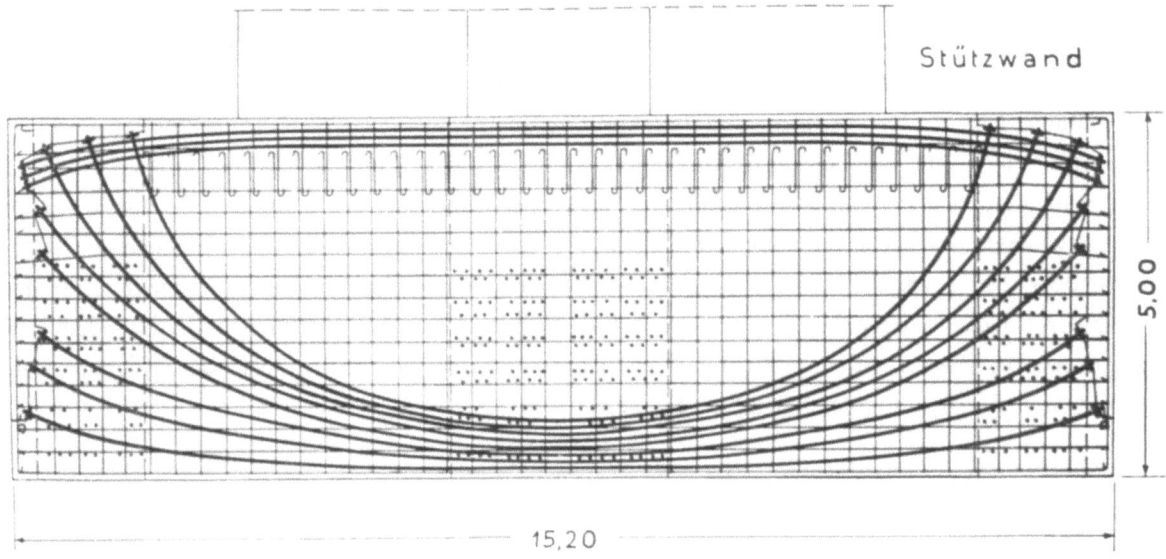

Zwischen je zwei Spannstäben ist ein Rundstab I ⌀ 10 eingelegt. Außerdem ist zur Aufnahme der Längsbiegemomente aus den Fahrzeugeinzellasten eine Längsbewehrung von 6 III ⌀ 14 je m eingebaut. Gegen die Unterkonstruktion stützt sich der vom rechten Widerlager aus vorgebaute Träger unter Zwischenschaltung zweier Stützen mit den Abmessungen 75/320. Sie sind durch eine 30 cm dicke Wand miteinander verbunden und haben eine größte Druckkraft von rund 4000 t zu übertragen. Die Fortsetzung der Stützen nach unten bildet ein Querträger mit Spannbewehrung aus St 90. Er überträgt die Lasten auf die drei Träger des Auslegers. Seine Bewehrung aus sechsundsechzig Stäben St 90 ⌀ 26 mm ist dem Verlauf der Kräfte angepaßt. Abbildung 8 zeigt das Bewehrungsbild des Querträgers, Abbildung 9 einen Teil der bereits eingebauten Bewehrung.

Abbildung 9

Die drei Spannbetonzuganker, die den Überbau gegen den Ausleger verankern, haben im ungünstigsten Falle eine Zugkraft von rund 1300 t aufzunehmen. Durch Vorspannung ist auch unter dieser Belastung der Querschnitt noch mit 9 kg/cm² gedrückt.

Bild 10 zeigt die Spannbewehrung der drei Träger des unter Erdgleiche befindlichen Auslegers. Die beiden äußeren Träger haben einen Querschnitt von 1,5/5 m², der mittlere von 3,0/5,0 m². Sie sind mit insgesamt 486 Strängen St 90 ⌀ 26 mm bewehrt. Dieser Bewehrung entspricht vor dem Kriechen und

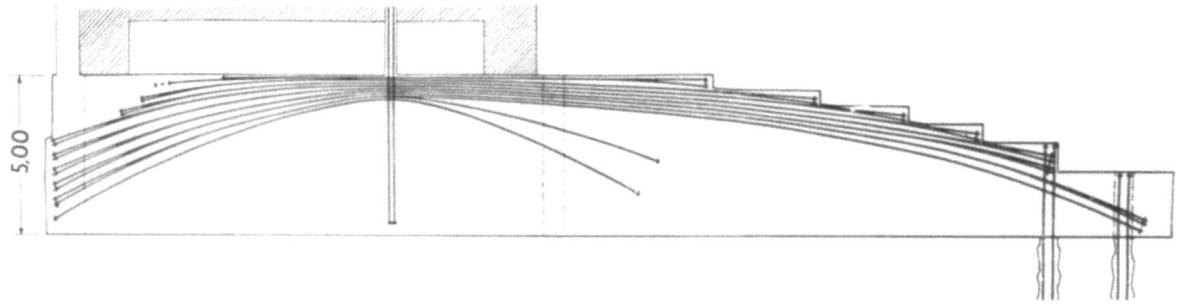

Abbildung 10

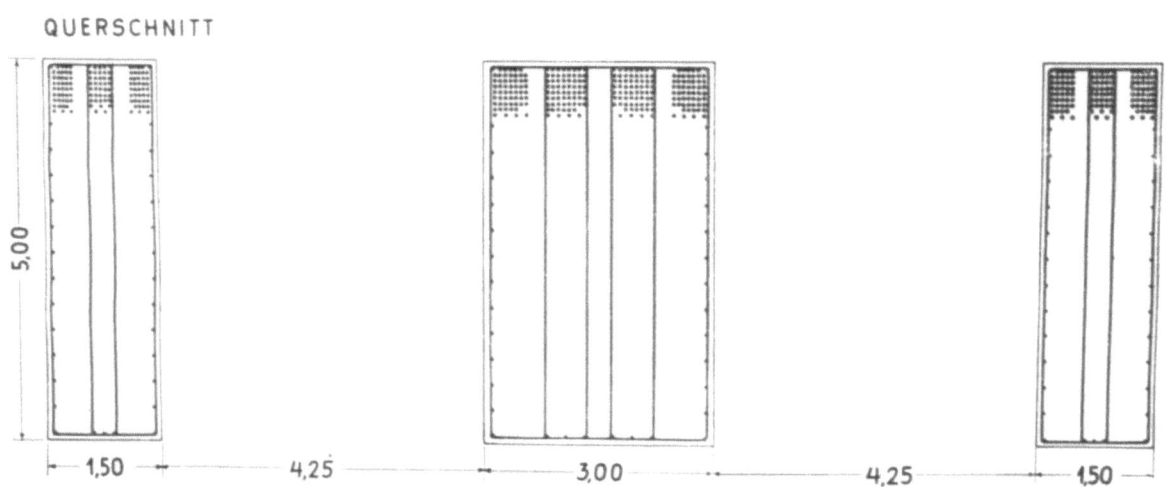

Schwinden des Betons eine Spannkraft von 11 500 t, die nach Abschluß des Kriechens und Schwindens auf 10 500 t zurückgeht. Bei einem Größtmoment von 36 700 tm betragen die Randspannungen am oberen Rand + 5 kg/cm² (Zug) und am unteren Rand − 82 kg/cm² (Druck). Die Bilder 11 und 12 geben einen Überblick über die Baugrube des Auslegers und die bereits eingebaute Spannbewehrung. Zu erwähnen ist noch die Berechnung der Überhöhungen für die einzelnen Stadien des freien Vorbaues. Es hat sich dabei als zweckmäßig herausgestellt, den zeitlichen Ablauf des Vorbaues in Gedanken umzukehren. Es wurde ausgegangen vom Endzustand nach Beendigung des Kriechens, wenn die Nivellette auf der planmäßigen Höhe liegt. Denkt man sich die Verformung des Tragwerkes infolge des Kriechens rückgängig gemacht, so ergibt sich eine Hebung der Brücke. Die zum Aus-

Abbildung 11

Abbildung 12

gleich der Kriechverformung notwendige Überhöhung entspricht dieser Hebung. Denkt man sich als nächsten Schritt die Brückenaufbauten wieder entfernt, so ist die zugehörige Hebung der Tragwerksachse gleich der entsprechenden Überhöhung. Schließlich sind der Reihe nach die einzelnen Bauabschnitte in Gedanken wieder abzubauen und deren Spannbewehrung zu lösen sowie der Vorbauwagen abschnittsweise zurückzuschieben. Für jeden dieser Vorgänge läßt sich die Biegelinie angeben, nach der überhöht werden muß. Zur Kontrolle der Nivellette wurde während des freien Vorbaues laufend die Höhenlage der fertiggestellten Bauabschnitte gemessen, um etwaige Abweichungen sofort korrigieren zu können.

VII. DIE BAUAUSFÜHRUNG

Nach der Erteilung des Auftrages im Mai 1951 wurde am 1. Juni 1951 der Baubetrieb mit der Einrichtung der Baustelle begonnen. Zu gleicher Zeit wurden die durch Spundwände gesicherten Baugruben der beiden Strompfeiler übernommen, sachgemäß ausgesteift und die noch vorhandenen Reste der früheren Pfeiler bis zur Senkkastenoberfläche beseitigt. Der Neubau der Brücke sollte nach folgendem Plan vor sich gehen: Nach Einrichtung der Baustelle sollte der rechte Strompfeiler zuerst wieder aufgebaut und zur gleichen Zeit das Widerlager auf dem rechten Rheinufer ausgebaut werden. Daran anschließend sollten mit drei Vorbauwagen die aus dem rechten Strompfeiler und aus dem rechten Landwiderlager auskragenden Träger in Abschnitten von 3 m Länge vorgebaut werden. In der Zwischenzeit war der linke Strompfeiler hochzuführen, der noch stehengebliebene Uferpfeiler und der Landbogen neben

Abbildung 13

Abbildung 14

dem Wormser Brückenturm abzubrechen sowie der Uferpfeiler und der Träger der Landöffnung aufzubauen. Hierauf sollten die Vorbauwagen auf den linken Strompfeiler und auf den Uferpfeiler umgesetzt und der zweite Teil des freien Vorbaues durchgeführt werden.

Infolge des ungewöhnlich hohen Rheinwasserstandes im Sommer des Jahres 1951 wurde die Baugrube des rechten Strompfeilers mehrmals überspült, so daß beim Aufbau des Pfeilers und beim Umbau des rechten Widerlagers Verzögerungen unvermeidlich waren. Im Laufe des Monats August konnte der

Abbildung 15

Pfeilerfuß fertiggestellt werden. Es wurden 792 m² Stampfbeton B 225 mit 225 kg Zement Z 225 und 75 kg Traß je m³ fertigen Betons eingebaut. Die Würfelfestigkeit betrug nach sieben Tagen i. M. 200 kg/cm² und nach 29 Tagen i. M. 325 kg/cm².

Die Mischanlage zur Bereitung des Betons war auf einem 80 m langen Stahlbetonkahn [1] mit rund 1 000 t Tragfähigkeit aufgestellt. Verwendet wurde ein Fünfhundertlitermischer. Die Zuschlagstoffe in vier Körnungen von 0 bis 3, 3 bis 7, 7 bis 15 und 15 bis 75 mm Korngröße sowie der Zement wurden im Schiff gelagert. Ein Greifbagger füllte von einer Fähre aus die Silos aus dem im Schiff lagernden Vorrat und lud die Baustoffe aus den Transportkähnen in das längs des Pfeilers verankerte Schiff um. Vom Mischer zur Einbaustelle wurde der Beton mit einem Förderband gebracht. Für den weiteren Aufbau des Pfeilers sowie für den freien Vorbau wurde auf dem Pfeilerfuß ein Betonaufzug aufgestellt, dessen Kübel durch das Förderband gespeist wurde.

Im Laufe des Herbstes wurden der Schaft und der Kopf des rechten Strompfeilers (siehe Abb. 13) ausgeführt, so daß Mitte Januar 1952 mit der Montage des ersten Vorbauwagens begonnen werden

Abbildung 16

konnte. Es waren insgesamt 443 m³ Beton B 300 mit 300 kg Zement Z 325 je m³ fertigen Betons erforderlich. Die Würfelfestigkeiten lagen nach 7 Tagen bei 300 bis 350 kg/cm² und nach 28 Tagen bei 450 bis 500 kg/cm².

Gleichzeitig mit dem Aufbau des rechten Strompfeilers begannen die Arbeiten am rechten Widerlager. In den Monaten Juli bis September 1951 wurde die Baugrube für den unter der Erdgleiche liegenden Ausleger hergestellt. Es waren insgesamt rund 2 300 m³ Boden auszuheben, wobei insofern von der geplanten Ausführung abgewichen werden mußte, als es wegen des unvorhergesehenen starken Wasserandranges nicht möglich war, die Arbeiten in offener Baugrube mit Wasserhaltung durchzuführen. Es erwies sich als notwendig, die Baugrube zu umspunden. Im Schutze der Spundwand konnte der restliche Boden – es handelt sich um grauen Feinsand – ausgehoben werden. Nach Durchführung der notwendigen Abbrucharbeiten im Widerlagerfundament wurde von Mitte September bis zum Ende Oktober 1951 die Schalung für die drei Längsträger des Gegengewichts aufgestellt, die Bewehrung (60 t Spannstahl St 90,

[1] U. Finsterwalder, Betonschiffe in Schalenbauweise. VDI-Zeitschrift 1949, Seite 157.

25 t Betonstahl I und II) eingebaut und schließlich der Beton eingebracht. Für die Längs- und Querträger wurden 1 100 m³ Beton B 300 mit einem Siebenhundertfünfziglitermischer bereitet. Mit der gleichen Zementmenge wie beim oberen Teil des Strompfeilers wurden etwa die gleichen Festigkeiten wie bei diesem erzielt. Zur Förderung der 1 100 m³ Beton wurde mit gutem Erfolg eine Betonpumpenanlage verwendet. Sie leistete 12 bis 15 m³ in der Stunde. Der Zwischenraum zwischen den drei Trägern wurde, nachdem als Boden ein Stampfbetongewölbe eingezogen worden war, zur Erhöhung der Gegengewichtswirkung mit dem Aushubmaterial verfüllt und die Oberfläche zur Verhinderung einer Ausspülung mit Steinen gepflastert. Die Arbeiten im oberen Teil des Landwiderlagers umfaßten die Herstellung der Stützwand, der drei Spannbetonzuganker sowie des oberen Gegengewichts (430 m³ Beton B 300, 21 t St 90), das die Fortsetzung des Überbaues im Widerlager darstellt. Sie wurden im Zeitraum von Mitte Oktober 1951 bis Mitte Januar 1952 durchgeführt. Hierauf wurde auch der Vorbauwagen auf dem Widerlager aufgestellt. Ende Februar 1952 war es so weit, daß mit dem freien Vorbau begonnen werden konnte. Es wurden zunächst zwei Bauabschnitte vom Strompfeiler in die Mittelöffnung vorgebaut (siehe Abb. 13), um Platz zur Aufstellung des zweiten Vorbauwagens zu schaffen. Hierauf wurden mit diesem ebenfalls zwei Bauabschnitte der Seitenöffnung hergestellt und von diesem Zeitpunkt ab mit beiden Vorbauwagen gleichzeitig nach beiden Seiten vorgebaut. Für die zweimal achtzehn Abschnitte vom rechten Strompfeiler wurden hundertzweiundvierzig Arbeitstage, das sind die Monate März bis Juli 1952, benötigt. Die dreizehn Bauabschnitte des aus dem Widerlager in die rechte Seitenöffnung auskragenden Trägers waren bis Ende Mai 1952 fertiggestellt. In den zwei Monaten

Abbildung 17

Abbildung 18

bis zur Beendigung des Vorbaues vom rechten Strompfeiler wurde der Vorbauwagen, mit dem der Träger vom rechten Widerlager hergestellt worden war, auf den inzwischen aufgebauten linken Strompfeiler umgesetzt. Es wurden auch hier zwei Bauabschnitte einseitig zur Mittelöffnung hergestellt, so daß der zweite Vorbauwagen montiert werden konnte. Die Abbildungen 14, 15 und 16 zeigen den Bauzustand im Sommer des Jahres 1952. Erwähnenswert ist noch, daß auch der Träger über der Landöffnung neben dem Brückenturm in fünf Abschnitten im freien Vorbau ausgeführt wurde. Als Vorbaukonstruktion dienten selbsttragende Schaltafeln und ein fahrbares Stahlrohrgerüst. Abbildung 17 zeigt den fertiggestellten Träger der linken Landöffnung mit dem Vorbauwagen für den Träger der linken Stromöffnung. Von Anfang August bis Mitte Dezember 1952 wurde der zweite Bauabschnitt im freien Vorbau bewältigt. Insgesamt beanspruchte der freie Vorbau eine Zeit von 274 Tagen, das sind rund neuneinhalb Monate, einschließlich der Zeit für das Umsetzen der Wagen beim Übergang vom ersten zum zweiten Bauabschnitt. In diesem Zeitraum wurden 104 Bauabschnitte von je 3 m Länge, das sind also 312 lfm Brücke hergestellt. Da mit drei Vorbauwagen gleichzeitig gearbeitet wurde, entfällt auf die Herstellung eines Bauabschnittes eine durchschnittliche Arbeitszeit von $3 \cdot \frac{274}{104} = 7{,}9$ Kalendertagen.

Für die 104 Bauabschnitte, die im freien Vorbau ausgeführt wurden, wurden 3 275 m³ Beton B 450 mit 350 kg Zement Z 325 und Z 425 je m³ fertigen Betons benötigt. Ferner 333 t Spannstahl St 90 und 121 t Betonstahl.

Der gesamte Überbau erforderte 4 450 m³ Beton, 358 t Spannstahl St 90 und 133 t Betonstahl. Bei einer Fläche von 4 920 m² ergeben sich umgerechnet auf einen Quadratmeter der Brückenfläche, als Baustoffaufwand für den Überbau:

Beton B 450 und B 300	0,91 m³
Spannstahl	73 kg
Betonstahl	27 kg

Rechnet man auch noch den unteren Ausleger sowie die Stützwand und die Zuganker hinzu, so entfallen auf den Quadratmeter der Brückenfläche:

Beton	1,15 m³
Spannstahl	86 kg
Betonstahl	32 kg

Die Abbildungen 18 und 19 zeigen das Bauwerk nach seiner Fertigstellung.

Zum Schluß sollen noch ein paar Angaben über das Kühlen des Betons folgen. Beim Abbinden entstehen zwischen dem frisch eingebrachten Beton des neuen Bauabschnittes und dem des bereits erhärteten vorhergehenden

Abbildung 19

Bauabschnittes Temperaturunterschiede. Auch innerhalb des neuen Bauabschnittes entstehen wegen der Ungleichmäßigkeit der Querschnittsabmessungen Unterschiede in der Betontemperatur. Diese Temperaturunterschiede dürfen kein unzulässiges Maß erreichen. Es wurden daher Maßnahmen für eine Kühlung vorgesehen, um einen Ausgleich der Temperaturen herbeiführen zu können. Für die Schaffung der Kühlkanäle wurden Schläuche (Ductube) verwendet. Sie wurden im aufgeblasenen Zustand einbetoniert. Außerdem wurden Rohrstücke in den Boden und in die Wände des Hohlträgers einbetoniert, um hier mit Kontrollthermometern die Temperaturen des Betonkörpers feststellen zu können. Nach entsprechender Verfestigung des Betons wurde die Luft aus den Schläuchen abgelassen, worauf diese ohne Schwierigkeiten aus dem Beton herausgezogen werden konnten. Durch die so entstandenen Kühlkanäle ließ man Wasser laufen. Die Wassermenge wurde nach dem erwünschten Kühlungseffekt bemessen.

VIII. ERNEUERUNG DER FAHRBAHN AUF DEN VORLANDBRÜCKEN

Die beiderseits an die Strombrücke sich anschließenden Vorlandbrücken hatten ebenso wie die frühere Strombrücke eine nutzbare Gesamtbreite von 10,5 m, gemessen zwischen den Brüstungsmauern. Da der Straßenquerschnitt den erhöhten Anforderungen des Straßenverkehrs nicht mehr entsprach und die Fahrbahnplatte stellenweise stark beschädigt war (die Bewehrung war teilweise durch Rost zerstört), entschloß man sich, im Zuge des Wiederaufbaues auch die Fahrbahn den gesteigerten Verkehrsverhältnissen anzupassen und zu erneuern.

Die massiven Brüstungen wurden abgebrochen und die neue Brückenplatte — ebenfalls in Dywidag-Spannbeton — beiderseits um 1,3 m über das Gewölbe ausgekragt. Ursprünglich war beabsichtigt, die alte Betonplatte als Schalung der neuen Spannbetonplatte zu verwenden. Eine Nachrechnung der Gewölbe ergab jedoch, daß diese die erhöhte Belastung vor allem in den Bleistreifengelenken nicht aufzunehmen vermochten. Deshalb wurde die neue 18 cm dicke Platte auf Holzschalung in üblicher Weise betoniert. Insgesamt wurden 6000 m² Spannbetonplatte in der Zeit von November 1952 bis Februar 1953 hergestellt.

IX. SCHLUSSBEMERKUNG

In einer Gesamtbauzeit von 22 Monaten ist die Brücke bei Worms wieder errichtet worden. Sie ist die erste weitgespannte Betonbrücke über den Rhein und stellt eine beachtenswerte Leistung des Massivbrückenbaues auf einem Gebiete dar, das bisher dem Stahlbau allein vorbehalten zu sein schien.
Abschließend sei noch derjenigen gedacht, die durch ihre gemeinsame Arbeit zum Gelingen des Brückenbaues besonders beigetragen haben.
Herr Regierungsbaurat Schnecke von der Direktion der Straßenverwaltung Rheinland-Pfalz vertrat die Belange des staatlichen Bauherrn. Die örtliche Bauleitung war dem Straßenbauamt Mainz unter der Leitung des Herrn Baurat Süßer übertragen. Zur örtlichen Bauaufsicht waren die Herren Dipl. Ing. Birtel und Dipl. Ing. Waldraff entsandt worden. An den regelmäßigen Baubesprechungen, die der Lösung der anfallenden Fragen dienten, nahmen für das Bundesministerium für Verkehr Herr Ministerialrat Dr. Ing. Klingenberg und für das Land Rheinland-Pfalz Herr Baudirektor Dr. Dr. Wahl teil.
Als Gutachter waren Herr Professor Dr. Ing. Dischinger, Berlin, und Herr Professor Dr. Ing. Mehmel, Darmstadt, zugezogen. Herrn Professor Dr. Ing. Mehmel oblag ferner die Prüfung der Ausführungszeichnungen und Berechnungen.
Herr Dipl. Ing. Gerd Lohmer war vom Bauherrn mit der architektonischen Bearbeitung betraut worden.
Die Bauausführung war der Dyckerhoff & Widmann KG., Niederlassung Wiesbaden, übertragen worden. Sie hatte als örtlichen Bauleiter Herrn Ingenieur Reitemeier eingesetzt, der seinen Auftrag mit besonderer Umsicht erfüllt hat.
Die statischen Berechnungen und Ausführungspläne wurden im Konstruktionsbüro der Hauptverwaltung der Dyckerhoff & Widmann KG., München, unter der Leitung der Verfasser angefertigt.

Abb. 20: Modell der neuen Spannbetonbrücke in Worms

EIN BEITRAG ZUM PROBLEM
DES ZWEISTEGIGEN SYMMETRISCHEN PLATTENBALKENS
UNTER EINSEITIGER BELASTUNG

Professor Dr. Ing. Alfred Mehmel und Dr. Ing. Hubert Beck

Anläßlich der Prüfung der für den Wiederaufbau der Nibelungenbrücke Worms von der Firma Dyckerhoff & Widmann, München, aufgestellten statischen Berechnung tauchte die Frage auf, welche Beanspruchung die quer zur Brückenfahrtrichtung gespannte Fahrbahnplatte dadurch erhält, daß die Verkehrslast (Hauptspur und Fahrzeug) einseitig angeordnet wird. Damit gleichbedeutend war die Frage nach der Entlastung des infolge der einseitigen Verkehrslaststellung stärker belasteten Hauptträgers durch den schwächer belasteten. Zur Beantwortung dieser Frage lag ein brauchbares Verfahren nicht vor. Die Praxis begnügte sich damit, für die Ermittlung des ungünstigsten Lastenanteiles eines Hauptträgers die Last durch die Platte auf die beiden Hauptträger nach den Methoden der Stabstatik abzutragen, ohne jedoch auf die Verträglichkeit der Formänderungen des gesamten Tragsystems Bedacht zu nehmen. Gegen dieses Berechnungsverfahren, vom Standpunkt der Sicherheit betrachtet, läßt sich nichts einwenden. Es ist aber leicht einzusehen, daß dieses Berechnungsverfahren die Aufteilung einseitig gestellter Last auf die beiden Hauptträger zu ungünstig beurteilt, das heißt zu unnötigem Aufwand für die Hauptträger führt, während es bei der Fahrbahnplatte zu örtlichen Überbeanspruchungen und damit zu Rissen führen kann. Da moderne weitgespannte Stahlbetonbrücken häufig mit Hilfe einer senkrecht zur Brückenfahrtrichtung aufgebrachten Vorspannung der Fahrbahnplatte ohne Querträger ausgeführt werden, war die Beantwortung der oben formulierten Frage über den speziellen Fall der Wormser Rheinbrücke hinaus von Bedeutung. Während zur Gewährleistung einer rissesicheren Fahrbahnplattenausbildung einfache Überschlagsrechnungen ausgereicht hätten, forderte die dem Bauingenieur schlechthin obliegende Aufgabe der Ökonomie der Konstruktionen eine strengere Lösung. Diese Untersuchung wurde als Dissertationsarbeit* von dem zweitgenannten Verfasser durchgeführt. Im folgenden soll auszugsweise über diese Arbeit berichtet werden. Das Ziel war, der Stahlbetonpraxis Formeln und Verfahren zu geben, die die Frage nach der Abminderung der Momente des stärker belasteten Hauptträgers durch den schwächer belasteten im Rahmen einer vernünftigen Genauigkeit beantworten.

I. DIE MECHANISCHE FORMULIERUNG DES PROBLEMS

Eine Brücke habe einen Querschnitt, dessen Gestalt in Abbildung 1 schematisch dargestellt ist. Die Abmessungen dieses Querschnittes über die Länge (x-Richtung) sind im allgemeinen variabel.

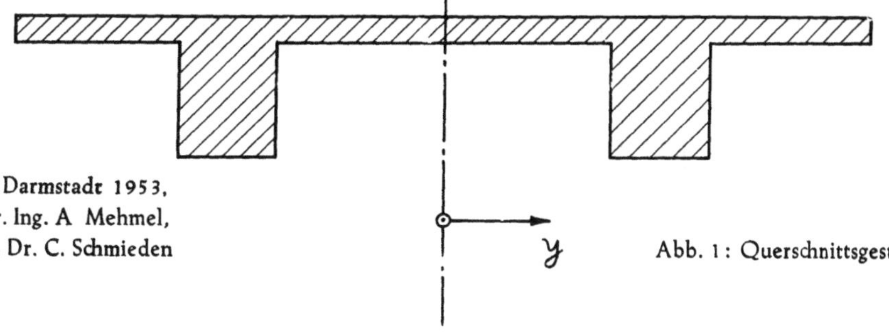

Abb. 1: Querschnittsgestalt (schematisch)

---

* Dissertation Beck, Darmstadt 1953,
Referent: Prof. Dr. Ing. A Mehmel,
Korreferent: Prof. Dr. C. Schmieden

Das statische System dieses Plattenbalkens kann verschieden sein. Für die Herleitung der mechanischen Zusammenhänge bedarf es hier keiner Spezialisierung.

Durch eine in x und y variable Last p (x, y) (Abbildung 2) erhalten die Hauptträger verschiedene Lastanteile. Sie biegen sich infolgedessen ungleichmäßig durch. Dies bewirkt eine Verbiegung der Platte, die in Abbildung 3 angedeutet ist.

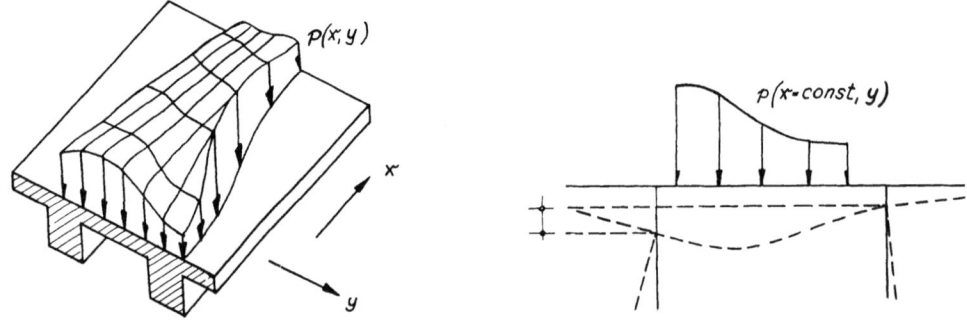

Abb. 2: Belasteter Balkenausschnitt   Abb. 3: Plattenverformung

Eine irgendwie verteilte Last p (x, y) läßt sich für jede Stelle x in einen in y symmetrischen Lastanteil p_s (x, y) und einen in y antimetrischen Lastanteil p_a (x, y) zerlegen (Abbildung 4).

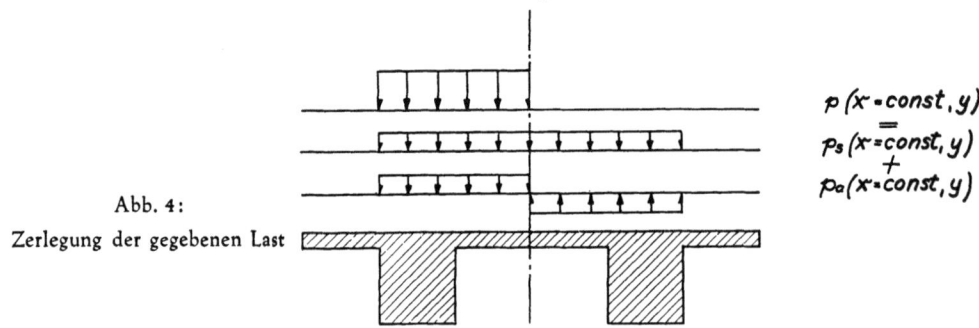

Abb. 4: Zerlegung der gegebenen Last

Für die hier gestellte Frage ist nur der antimetrische Lastfall p_a (x, y) von Interesse, da sich beide Hauptträger unter symmetrischer Belastung p_s (x, y) gleich durchbiegen.

Wir betrachten nun das Verhalten des Trägers unter der antimetrischen Last p_a (x, y). Der gegebene zweistegige Plattenbalken besteht aus zwei Hauptträgern und einer Platte. Dieses System wird sich unter der Last antimetrisch zur Symmetrieachse des Gesamtquerschnittes verformen. Daraus folgt, daß die Querschnittsmitte der Platte momentenfrei ist. Die Untersuchung des gegebenen Systems ist also gleichbedeutend mit der Untersuchung eines zweistegigen Plattenbalkens, in dessen Symmetrieachse ein Scharnier ist (Abbildung 5).

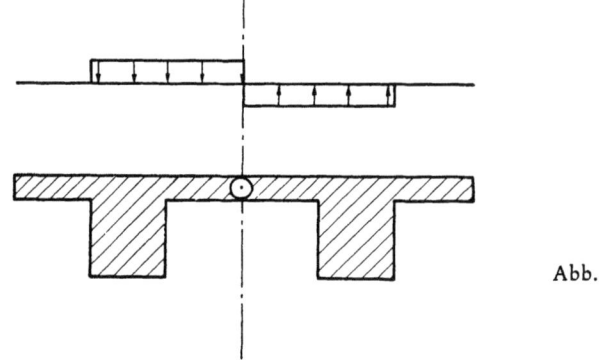

Abb. 5

Wir durchschneiden das gedachte Scharnier auf seine ganze Länge und bringen an den Schnittufern statisch überzählige Kräfte als Unbekannte an. Diese „Statisch Überzähligen" sind Funktionen der Längenordinate x. Wie in der Stabstatik erhalten wir zur Bestimmung der Unbekannten ein Gleichungssystem bzw. bei einer Unbekannten den Spezialfall einer einzelnen Gleichung. Nur enthalten die Gleichungen noch den Parameter x, der differentiell eingeht, so daß das Gleichungssystem zu einem Differentialgleichungssystem bezüglich der Variablen x wird.

Nach der Trennung im Scharniere ruft die Last p_a (x, y) eine Durchbiegung und eine Torsion der Einzelplattenbalken hervor (Abbildung 6a). Die Last p_a (x, y) biegt außerdem die in y-Richtung gespannte Platte, so daß das Schnittufer A eine weitere Verformung erfährt (Abbildung 6a).

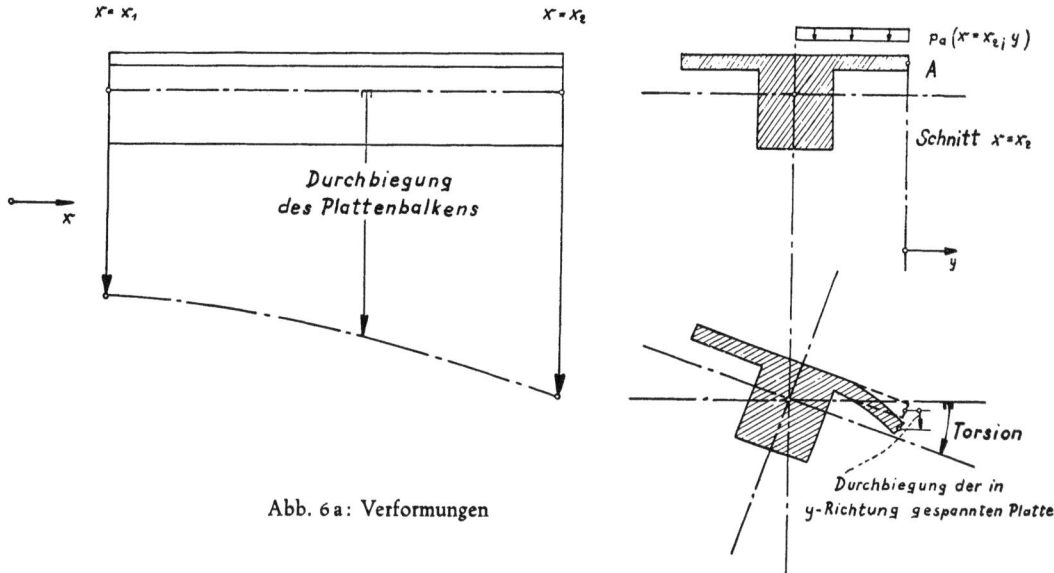

Abb. 6a: Verformungen

Die Superposition dieser Wirkungen ergibt eine gegenseitige Verschiebung der Schnittufer (Abbildung 6b).

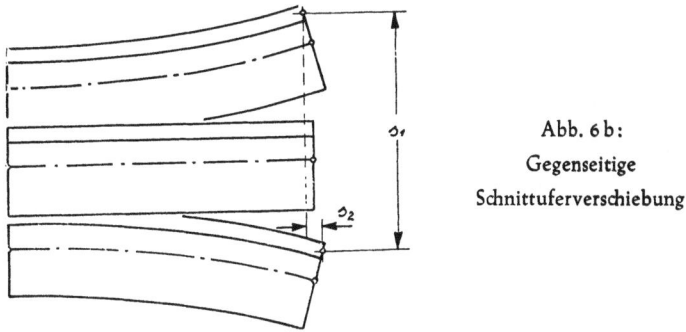

Abb. 6b:
Gegenseitige
Schnittuferverschiebung

Die Verschiebung s_2 ist dadurch bedingt, daß die Schnittgerade außerhalb der Nullinie des Plattenbalkens liegt. Wir führen daher als unbekannte statisch überzählige Größen eine Querkraft X (x) und eine Schubkraft Y (x) ein (Abbildung 7).

Eingehende Untersuchungen haben ergeben, daß der Einfluß von Y (x) auf X (x) vernachlässigbar ist. Daher sehen wir davon ab, die Schubkraft Y (x) zu berücksichtigen und betrachten als einzige unbekannte Funktion die Querkraft X (x).

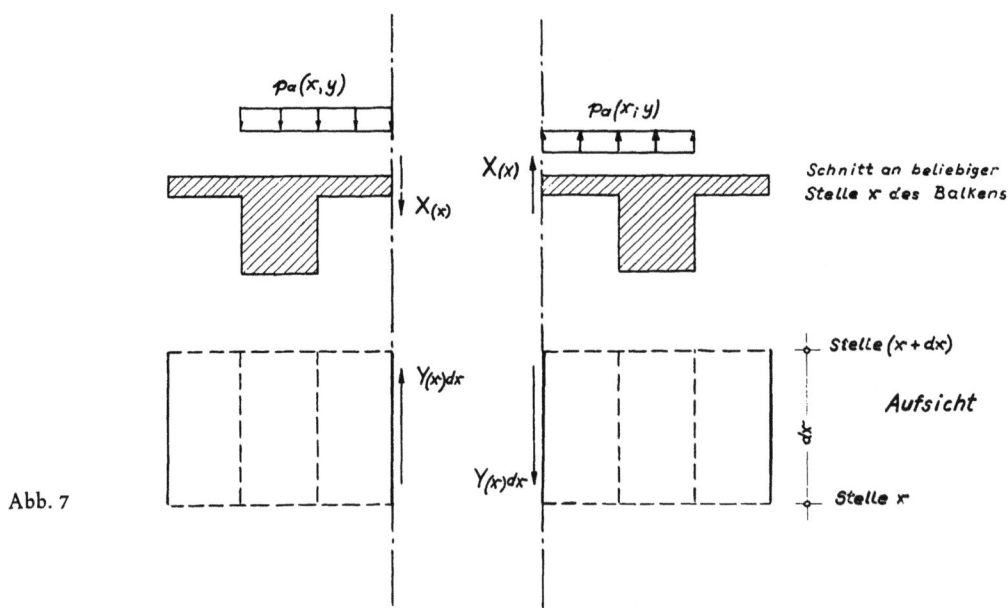

Abb. 7

Wir erläutern nun im einzelnen das mechanische Verhalten der dem gegebenen System angehörigen Teile: Platte und Hauptträger.

Die y-Spannweite der Platte ist im Verhältnis zur x-Spannweite des Plattenbalkens klein. Da die unbekannte Kraft X (x) eine stetige Verteilung hat, wird sich die Platte unter dieser Last ähnlich einzeln nebeneinander liegenden Balken der Breite dx verhalten. Mit dieser Modellauffassung vernachlässigen wir die lastausgleichende Wirkung der Platte in Längsrichtung, was bei der stetigen Verteilung der Unbekannten X (x) erlaubt ist.

Die so als Ersatz für die in y-Richtung gespannte Platte eingeführten Querbalken der Breite dx erfahren an den Schnittufern in der Scharniergeraden eine gegenseitige Verdrehung, da ihre Einspannstellen die sich entgegengesetzt durchbiegenden Einzelplattenbalken sind. In unserem Modell vernachlässigen wir die Torsionssteifigkeit der gedachten Querbalken. Dies entspricht einer Vernachlässigung der Plattendrillingsmomente.

Ebenso wie unter der unbekannten Schnittkraft X (x) wird das Verhalten der Platte unter der gegebenen Last p_a (x, y) sein, wenn diese eine in x neigungsstetige Funktion darstellt. Hat die Last p_a (x, y) in x-Richtung einen Sprung oder treten Einzellasten auf, so nehmen wir eine neigungsstetige Funktion als Ersatzlast für die gegebene Last an, um die Platte als nebeneinanderliegende Balken rechnen zu können. Beispiele sind in Abbildung 8 angedeutet.

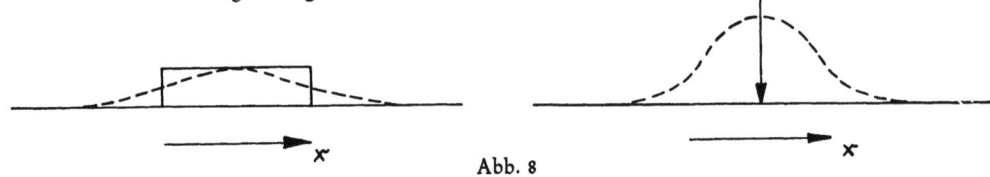

Abb. 8

In der Mehrzahl der Fälle werden die Hauptträger eine große Torsionssteifigkeit besitzen (Hohlkastenquerschnitte). Dann ist es möglich, die gegebene Last p_a (x, y) zunächst so auf die Hauptträger rechnerisch zu übertragen, als seien diese nicht elastisch nachgiebig. Die die beiden Hauptträger belastenden unterschiedlichen Reaktionen aus dieser Rechnung fassen wir als die zu untersuchende Belastung auf. Wir trennen sie also in ihre symmetrischen und antimetrischen Teile und führen die hier wiedergegebene Betrachtung mit letzterem durch. In diesem Falle haben wir nicht nötig, Ersatzlasten einzuführen, da wir die im ersten Schritt vorzunehmende Rechnung nach den bekannten Gleichungen für Platten bzw. Plattenstreifen mit starren Stützen durchführen können.

Wir wollen nochmals festhalten, daß trotz der in einzelne Bälkchen von der Breite dx aufgeteilten Fahrbahnplatte diese im wesentlichen als Platte behandelt ist: die Reaktionen der auf die Fahrbahnplatte wirkenden Verkehrslasten werden nach der Plattentheorie ermittelt. Die Differenz dieser Reaktionskräfte ist die Ursache der unterschiedlichen Durchbiegung der Hauptträger. Der Funktionsverlauf dieser unterschiedlichen Durchbiegung ist gegenüber dem Funktionsverlauf der unterschiedlichen Reaktionskräfte durch die Biegungssteifigkeit der Träger wesentlich ausgeglichener, da ja die Durchbiegung durch einen vierfachen Integrationsprozeß aus den Belastungen gewonnen wird, und nur auf die Verschiedenheit der Durchbiegungen bezieht sich die Wirkung der Kraft X (x), die an den kleinen Bälkchen angreift. Die Hauptträger selbst sind Plattenbalken, die auf Biegung und Torsion beansprucht werden. Aufgrund der Größenverhältnisse der x-Spannweite des Balkens zur y-Spannweite der Platte dürfen wir die vorhandene Platte als voll mittragend einführen. Aufgrund der gegebenen Querschnittsverhältnisse vernachlässigen wir die Wirkung der Wölbkrafttorsion.

Damit haben wir das mechanische Modell geschaffen, für dessen Kräfteverlauf wir nun die mathematische Formulierung suchen.

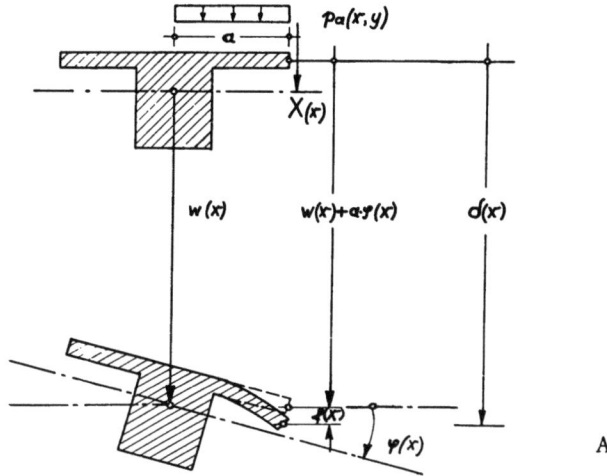

Abb. 9

Auf den Einzelplattenbalken wirkt die gegebene Last $p_a(x, y)$ und die unbekannte Querkraft X (x). Es genügt infolge der Antimetrie die Betrachtung eines Balkens. Wir bezeichnen die Durchbiegung des Plattenbalkens mit w, die Verdrehung des Balkens mit φ und die Durchbiegung des Schnittufers A am Kragende der nebeneinander liegenden Balken mit f. Die infolge $p_a(x, y)$ entstehenden Verformungen erhalten den Index o, die infolge der unbekannten Querkraft X (x) entstehenden Verformungen den Index 1. Die Gesamtverschiebung eines Schnittufers aus seiner Ursprungslage nennen wir δ. Mit obigen Bezeichnungen ist

$$\delta = w + a\varphi + f \tag{1}$$

Die in jedem Schnitt x im Bereiche eines Einzelplattenbalkens über y summierte Last $p_a(x, x)$ nennen wir $P_a(x)$. Die Verformung w infolge der Last $p_a(x, y)$ genügt der Balkendifferentialgleichung

$$\frac{d^2}{dx^2}\left(EI_x \frac{d^2 w_o}{dx^2}\right) = P_a(x) \tag{2}$$

Im allgemeinen fällt der Schwerpunkt von $P_a(x)$ in y-Richtung nicht mit der Mittellinie des Balkens zusammen, so daß auf den Balken ein Torsionsmoment

$$m_{to}(x) = \alpha_2(x) \, a \, P_a(x) \tag{3}$$

wirkt.

$\alpha_2 a$ ist der Abstand des Angriffspunktes von $P_a(x)$ von der Balkenmittellinie. Während wir a über x konstant annehmen, sei $\alpha_2(x)$ über x variabel. Infolge $m_{to}(x)$ entsteht ein inneres Torsionsmoment $M_{to}(x)$. Zwischen der Verdrehung $\varphi(x)$ und $M_{to}(x)$ besteht die Differentialbeziehung

$$GI_t \frac{d\varphi_o}{dx} = M_{to}(x) \tag{4a}$$

oder nach einmaligem Differenzieren

$$\frac{d}{dx}\left(GI_t \frac{d\varphi_o}{dx}\right) = - m_{to}(x) \tag{4b}$$

Ferner entsteht eine Durchbiegung $f_o(x)$, die von der Lastverteilung von $P_a(x)$ in y-Richtung und von den Plattenabmessungen abhängt. Wir schreiben sie in der Form

$$f_o(x) = \frac{\alpha_o(x)}{EI_p(x)} P_a(x) \tag{5}$$

$I_p(x)$ ist das Trägheitsmoment der Querbalken auf die Breite 1.

Für die Verformungen infolge der unbekannten Kraft $X(x)$ erhalten wir analoge Gleichungen:

$$\frac{d^2}{dx^2}\left(EI_x \frac{d^2 w_1}{dx^2}\right) = X(x) \tag{6}$$

$$GI_t \frac{d\varphi_1}{dx} = M_{t1}(x) \tag{7a}$$

$$\frac{d}{dx}\left(GI_t \frac{d\varphi_1}{dx}\right) = - a \, X(x) \tag{7b}$$

$$f_1(x) = \frac{\alpha_1(x)}{EI_p(x)} X(x) \tag{8}$$

Nach Gl (1) erhalten wir die Senkungen des Schnittufers infolge der äußeren Last $p_a(x, y)$ zu

$$\delta_o(x) = w_o(x) + a \, \varphi_o(x) + f_o(x) \tag{9a}$$

und infolge der unbekannten Kraft $X(x)$ zu

$$\delta_1(x) = w_1(x) + a \, \varphi_1(x) + f_1(x) \tag{9b}$$

Infolge der Antimetrie in γ-Richtung darf das Schnittufer des einzelnen Plattenbalkens seine Höhe nicht verändern. Die Summe der Durchbiegungen unter der äußeren Last und der unbekannten Kraft $X(x)$ muß demnach verschwinden. Die Kontinuitätsbedingung lautet also

$$\delta_o(x) + \delta_1(x) = 0 \tag{10}$$

Da wir die unbekannte Kraft $X(x)$ suchen, haben wir die Kontinuitätsbedingung (10) so umzuformen, daß neben bekannten Größen nur die Unbekannte $X(x)$ darin vorkommt. Durch Einsetzen der Gln (9a), (9b) in Gl (10) und durch mehrmalige Umrechnungen unter Verwendung der Gln (2) — (8) erhalten wir schließlich als Intgero-Differentialgleichung für die gesuchte Funktion $X(x)$

$$X(x) - a^2 \frac{d^2}{dx^2}\left[EI_x \frac{d}{dx}\left(\frac{1}{GI_t} \int^x X \, dx\right)\right] + \frac{d^2}{dx^2}\left[EI_x \frac{d^2}{dx^2}\left(\frac{\alpha_1}{EI_p} \cdot X\right)\right] =$$
$$= - P_a(x) - a \frac{d^2}{dx^2}\left[EI_x \frac{d}{dx}\left(\frac{M_{to}}{GI_t}\right)\right] - \frac{d^2}{dx^2}\left[EI_x \frac{d^2}{dx^2}\left(\frac{\alpha_o}{EI_p} \cdot P_a\right)\right] \tag{11}$$

II. DIE LÖSUNG FÜR KONSTANTE QUERSCHNITTSABMESSUNGEN UND KONSTANTE BELASTUNG

Aus der Differentialgleichung (11) folgt für konstante Größen EI_x, GI_t, α_o, α_1, P_a und m_{to} unter Einführung der dimensionslosen unabhängigen Variablen

$$\lambda = \frac{x}{l} \tag{12}$$

und der Abkürzungen

$$4\gamma^4 = \frac{l^4}{\alpha_1} \frac{I_p}{I_x} \quad \text{und} \quad \mu = \frac{a^2 l^2}{4\gamma^2 \alpha_1} \frac{E\,I_p}{G\,I_t} \tag{13}$$

wenn wir die Ableitungen nach λ mit einem Strich kennzeichnen, die gewöhnliche lineare Differentialgleichung vierter Ordnung

$$X'''' - 4\mu\gamma^2 X'' + 4\gamma^4 X = -4\gamma^4 P_a \tag{14}$$

In den Parameter μ geht außer den bereits in γ enthaltenen Querschnittswerten das Torsionsträgheitsmoment I_t ein. Wir bezeichnen μ daher als „Torsionskennzahl". Je nach Größe dieser Torsionskennzahl unterscheiden wir verschiedene Lösungsformen, von denen wir hier nur den einfachen Fall $\mu = 0$ mitteilen wollen:

$$X(\lambda) = -P_a\,(1 + C_1'\cosh\gamma\lambda\cos\gamma\lambda + C_2'\cosh\gamma\lambda\sin\gamma\lambda +$$
$$+ C_3'\sinh\gamma\lambda\cos\gamma\lambda + C_4'\sinh\gamma\lambda\sin\gamma\lambda) \tag{15}$$

Der Grenzfall $\mu = 0$ bedeutet physikalisch völlige Torsionsstarrheit der Hauptträger.

Die in der Gl (15) enthaltenen vier freien Konstanten bestimmen sich aus den Randbedingungen. Diese werden für die unbekannte Kraft X (x) aus den Randbedingungen der Verformungen hergeleitet. Für den Fall des Kragbalkens mit freiem Ende lauten sie:

$$\begin{aligned}
X(0) &= -\frac{\alpha_o}{\alpha_1} P_a \\
X'(0) - 4\mu\gamma^2 \left\{ P_a - \frac{1}{4\gamma^4}\left[X'''(0) - 4\mu\gamma^2 X'(0) \right] \right\} &= -4\mu\gamma^2 \alpha_2 P_a \\
X''(1) - 4\mu\gamma^2 X(1) &= 4\mu\gamma^2 \alpha^2 P_a \\
X'''(1) - 4\mu\gamma^2 X'(1) &= 0
\end{aligned} \tag{16}$$

Aus den obigen Bestimmungsgleichungen (Randbedingungen) folgen dann die freien Konstanten der allgemeinen Lösung. Für den einfachen Fall $\mu = 0$ lauten sie:

$$\begin{aligned}
\Delta N &= \cosh^2\gamma + \cos^2\gamma \\
C_1' &= -\alpha_4 \\
C_3' &= -C_2' \\
\Delta N\,C_2' &= -0{,}5\,\alpha_4\,(\sinh 2\gamma + \sin 2\gamma) \\
\Delta N\,C_4' &= \alpha_4\,(\cosh^2\gamma - \cos^2\gamma)
\end{aligned} \tag{17}$$

III. DIE LÖSUNG FÜR KONSTANTE QUERSCHNITTSABMESSUNGEN UND VARIABLE BELASTUNG

Mit den Abkürzungen nach Gl (13) und unter Einführung der dimensionslosen unabhängigen Variablen λ nach Gl (12) lautet die aus Gl (11) folgende spezialisierte Differentialgleichung:

$$X''''(\lambda) - 4\mu\gamma^2 X''(\lambda) + 4\gamma^4 X(\lambda) = -\frac{1}{\alpha_1}\left[\alpha_o(\lambda)\,P_a(\lambda)\right]'''' + 4\mu\gamma^2\left[\alpha_2(\lambda)\,P_a(\lambda)\right]'' - 4\gamma^4 P_a(\lambda) \tag{18}$$

Die Funktionen $\alpha_o(\lambda)$ und $\alpha_2(\lambda)$ regeln den Einfluß der y-Verteilung der gegebenen Last $p_a(x, y)$. Für unsere weiteren Betrachtungen setzen wir diese beiden Funktionen identisch Null. Dies bedeutet mechanisch, daß wir die Übertragung einer auf den Einzelplattenbalken mittig angreifenden Linienlast $P_a(x)$ untersuchen. Ist die äußere Last nicht unmittelbar in dieser Form gegeben, so ermitteln wir uns zunächst an einem beidseits starr eingespannten Quersystem die Lagerreaktionen und ermitteln dafür die Verteilung. Die Beanspruchung der Platte unter der antimetrischen Last $p_a(x, y)$ setzt sich dann aus der Beanspruchung der beidseits starr eingespannten Platte und der Beanspruchung aus der unbekannten Querkraft $X(\lambda)$ mit den aus ihr resultierenden Kräften und Momenten zusammen.

Dieses Vorgehen ist um so besser, je torsionsstarrer die Hauptträger sind. Bei sehr torsionsweichen Hauptträgern entsteht ein Fehler, da die für den Transport der Lasten von ihrem Angriffspunkt zur Mitte Einzelplattenbalken beidseits starr eingespannt angenommene Platte dort nur elastisch eingespannt ist. Für die bei unserem Problem zu erwartenden Größenverhältnisse wird dieser Einfluß im allgemeinen vernachlässigbar sein.

Mit $\alpha_o(\lambda) = 0$ und $\alpha_2(\lambda) = 0$ folgt dann die Differentialgleichung

$$X''''(\lambda) - 4\mu\gamma^2 X''(\lambda) + 4\lambda^4 X(\lambda) = -4\gamma^4 P_a(\lambda) \qquad (19)$$

Gl (11) stellt eine Differentialgleichung mit konstanten Koeffizienten bei variabler rechter Seite dar. Die Lösung dieser Gleichung wurde auf zwei Arten durchgeführt: einmal, indem die rechte Seite und die Partikularlösung durch eine trigonometrische Reihe erfaßt wurde, und zum anderen, indem Gl (19) in eine Differenzengleichung umgeschrieben wurde.

Wir zeigen hier die Lösung durch Verwandlung der Differentialgleichung in eine Differenzengleichung.

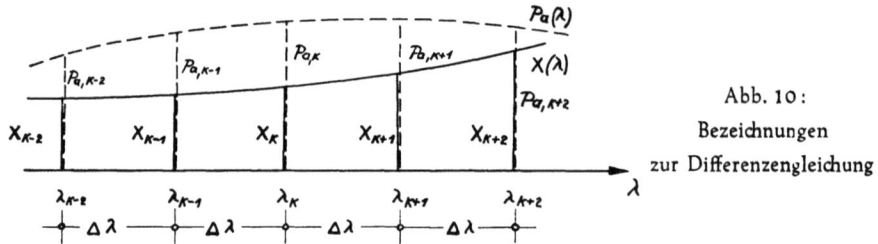

Abb. 10: Bezeichnungen zur Differenzengleichung

Wir wählen gleiche Stützenabstände $\Delta\lambda$. Mit den Abkürzungen
$$\begin{aligned}\partial &= \gamma \Delta\lambda \\ \partial_1 &= -4(1 + \mu\partial^2) \\ \partial_2 &= 2(3 + 2\partial^4 + 4\mu\partial^2)\end{aligned} \qquad (20)$$

folgt dann die Differenzengleichung zu

$$X_{k-2} + \partial_1 X_{k-1} + \partial_2 X_k + \partial_1 X_{k+1} + X_{k+2} = -4\partial^4 P_{ak} \qquad (21)$$

Für die einzelnen Balkensysteme sind dann wieder die Randbedingungen zu formulieren und anschließend in Differenzenform zu schreiben. Für den Fall des einseitig eingespannten Kragbalkens folgen mit den Abkürzungen

$$\begin{aligned}
\partial_9 &= \partial^2 + 2\mu & R_3 &= -8\mu\partial^3\gamma \int_0^1 P_a(\lambda)\,d\lambda + 4\mu\partial^4 P_{a,0} + 4\partial^4 \partial_9 P_{a,1} \\
\partial_{10} &= \partial^2 - 6\mu - 8\mu^2 \partial^2 & \partial_{13} &= -4(1 + 2\mu\partial^2) \\
\partial_{11} &= -\partial_{10} - \partial_2 \partial_9 & \partial_{14} &= 2(1 + 2\partial^4) \\
\partial_{12} &= -2\mu - \partial_1 \partial_9
\end{aligned} \qquad (22)$$

die Randbedingungen zu $\quad X_0 = 0$

$$\varepsilon_{11}X_1 + \varepsilon_{12}X_2 - \varepsilon_9 X_3 = R_3$$
$$X_{n-3} + \varepsilon_1 X_{n-2} + (\varepsilon_2 - 1) X_{n-1} - 2X_n = -4\varepsilon^4 P_{a,n-1} \tag{23}$$
$$2X_{n-2} + \varepsilon_{13} X_{n-1} + \varepsilon_{14} X_n = -4\varepsilon^4 P_{a,n}$$

Das lösende Gleichungssystem haben wir in Tafel 1 zu einem übersichtlichen Schema zusammengestellt.

IV. DIE LÖSUNG FÜR VARIABLE QUERSCHNITTSABMESSUNGEN UND VARIABLE BELASTUNG

Dieser allgemeine Fall ist mit Differenzengleichungen behandelt. Dabei ist unterschieden: torsionsstarre Hauptträger und torsionsnachgiebige Hauptträger. Für den ersten Fall torsionsstarrer Hauptträger lautet mit den Abkürzungen

$$\gamma_1 = \frac{1^4 I_p}{\alpha_1 I_{xc}}$$
$$i(\lambda) = \frac{I_x(\lambda)}{I_{xc}} \tag{24}$$
$$\gamma_2 = \gamma_1 (\Delta \lambda)^4$$
$$\tau_k = \gamma_2 + i_{k-1} + 4 i_k + i_{k+1}$$
$$\sigma_k = -2 (i_{k-1} + i_k)$$

die Differenzengleichung $\quad i_{k-1} X_{k-2} + \sigma_k X_{k-1} + \tau_k X_k + \sigma_{k+1} X_{k+1} + i_{k+1} X_{k+2} = -\gamma_2 P_{a,k} \tag{25}$

Analog Abschnitt III sind auch hier die Randbedingungen zu formulieren und in Differenzenform zu schreiben. Das lösende Gleichungssystem ist in Tafel 2 schematisch angeschrieben.

Im zweiten Fall torsionsnachgiebiger Hauptträger führen wir als weitere Abkürzungen ein:

$$\gamma_3 = \frac{a^2 1^2}{\alpha_1} \frac{E \, I_p}{G \, I_{tc}}$$
$$\bar{i}(\lambda) = \frac{I_{tc}}{I_t(\lambda)} \tag{26}$$

Die Differentialgleichung lautet dann $\quad [i(\lambda) X''(\lambda)]'' - \gamma_3 [i(\lambda) \langle \bar{i}(\lambda) \int_c^\lambda X(\lambda') \, d\lambda' \rangle']'' + \gamma_1 X(\lambda) = -\gamma_1 P_a(\lambda) \tag{27}$

In dieser Differentialgleichung tritt die unbekannte Funktion unter dem Integralzeichen auf. Wir führen als neue unbekannte Funktion daher das Integral von $X(\lambda)$ ein:

$$\rho(\lambda) = \int_c^\lambda X(\lambda') \, d\lambda' \tag{28}$$

Es ist dann $\quad X(\lambda) = \rho'(\lambda) \tag{29}$

Damit erhalten wir für die unbekannte Funktion $\rho(\lambda)$ eine Differentialgleichung fünfter Ordnung:

$$[i(\lambda) \rho'''(\lambda)]'' - \gamma_3 [i(\lambda) \langle \bar{i}(\lambda) \rho(\lambda) \rangle']'' + \gamma_1 \rho'(\lambda) = -\gamma_1 P_a(\lambda) \tag{30}$$

Diese Differentialgleichung verwandeln wir wiederum in eine Differenzengleichung. Diese hat die Form

$$i_{k+1} \rho_{k+3} + s_k \rho_{k+2} + m_k \rho_{k+1} + e_k \rho_k + n_k \rho_{k-1} + t_k \rho_{k-2} - i_{k-1} \rho_{k-3} = -\gamma_5 P_{a,k} \tag{31}$$

Die Koeffizienten setzen sich aus den Steifigkeitswerten des Systems zusammen. Die Unbekannte $X(\lambda)$ ergibt sich aus der Hilfsunbekannten $\rho(\lambda)$ zu $\quad X_k = \dfrac{1}{2(\Delta \lambda)} (\rho_{k+1} - \rho_{k-1}) \tag{32}$

Um die ρ_k berechnen zu können, benötigen wir noch die Randgleichungen. Wir haben also die Randbedingungen in $\rho(\lambda)$ zu formulieren und die erhaltenen Gleichungen in Differenzenform zu schreiben. Dann erhalten wir wie in den vorigen Abschnitten ein Gleichungssystem, dessen schematische Darstellung wir hier nicht wiedergeben wollen.

V. BERÜCKSICHTIGUNG VON ENDQUERTRÄGERN

In unseren Betrachtungen haben wir vorausgesetzt, daß keine Querträger vorhanden sind. Gerade dies war der Anlaß zu vorliegender Untersuchung, welche die Ermittlung der Lastübertragung quer zur Brückenfahrtrichtung durch die monolithische Platte zum Ziele hatte. Gleichwohl werden auch bei diesen Brücken aus konstruktiven Gründen an ausgezeichneten Punkten Querträger angeordnet werden müssen.

Als solche ausgezeichneten Punkte kommen zunächst die Auflager in Frage. Die Wirkung dort angeordneter Querträger beschränkt sich auf Randstörungen, die durch St. Venantsche Gleichgewichtskräfte erzeugt werden und die daher die Wirkungsweise des Gesamtsystems nur unwesentlich beeinflussen.

Als weitere ausgezeichnete Stellen für das Vorhandensein von Querträgern kommen Balkenenden in Frage, die nicht gleichzeitig Auflager sind. In den von uns untersuchten Systemen ist die einzige Stelle dieser Art das freie Ende des Kragträgers. Das Vorhandensein eines Endquerträgers bedeutet dort für das von uns zugrunde gelegte mechanische System eine Versteifung des letzten Querstreifens der in nebeneinander liegende Balken zerlegten Platte. Wir berücksichtigen den Endquerträger daher so, daß wir die Platte bis zum Ende mit gleicher Steifigkeit durchgehend rechnen und zusätzlich am Ende eine biegesteife Querverbindung (I_Q) anordnen. An der mit gleicher Steifigkeit durchgehenden Platte lassen wir wie bisher die unbekannte Querkraft $X(\lambda)$ angreifen. Zusätzlich greift am Ende dann in Querträgermitte noch eine Einzelkraft X_Q an. Durch diese Formulierung erreichen wir, daß die von uns bisher benutzten Differential- und Differenzengleichungen unverändert bestehen bleiben. Es ändern sich die Randbedingungen. Durch sie kommt die unbekannte Größe X_Q herein. Dafür benötigen wir nun noch eine weitere bisher nicht vorhandene Randbedingung. Als solche verwenden wir die Übereinstimmung der Plattendurchbiegung $f_1(\lambda = 1)$ unter der Last $X(\lambda)$ mit der Querträgerdurchbiegung f_Q unter der Last X_Q. Mit dieser Auffassung des Systems haben wir den wesentlichen Charakter erfaßt. Darüber hinaus im elastischen Sinne auftretende Störungen sind wieder St. Venantscher Art.

Für den einfachen Fall konstanter Querschnittsabmessungen und torsionsstarrer Hauptträger ($\mu = 0$) geben wir im folgenden die Lösung:

$X(\lambda)$ hat die Form von Gl (15). Mit der Abkürzung

$$\gamma_Q = \frac{\alpha_1 I_Q}{\alpha_Q I_p \, l} \tag{33}$$

lauten die freien Konstanten von Gl (15):

$C_1' = -1$

$C_2' = -C_3'$

$\Delta N = \cosh^2\gamma + \cos^2\gamma + 2\gamma\gamma_Q (\cosh\gamma \sinh\gamma - \cos\gamma \sin\gamma)$ \qquad (34)

$\Delta N\, C_3' = \sinh\gamma \cosh\gamma + \sin\gamma \cos\gamma + 2\gamma\gamma_Q (\cosh^2\gamma - \sin^2\gamma - \cosh\gamma \cos\gamma)$

$\Delta N\, C_4' = \cosh^2\gamma - \cos^2\gamma + 2\gamma\gamma_Q (\cosh\gamma \sinh\gamma - \sinh\gamma \cos\gamma - \cosh\gamma \sin\gamma + \sin\gamma \cos\gamma)$

Die unbekannte Endquerträgerquerkraft folgt dann zu

$$X_Q = 1\,\gamma_Q\, X(1) \tag{35}$$

Die weiteren Fälle variabler Belastung und variabler Querschnittsabmessungen folgen in zu den vorigen Abschnitten analoger Weise. Die lösenden Gleichungssysteme haben ähnliche Bauart wie dort, nur enthalten ein Teil der Koeffizienten zusätzlich Glieder mit γ_Q.

VI. BEISPIEL: DIE NIBELUNGENBRÜCKE WORMS

Mit den Systemwerten obiger Brücke wurden eine Reihe von Belastungsfällen unter verschiedenen Annahmen nach den in den vorstehenden Abschnitten gegebenen Formeln durchgerechnet. Systemwerte, Annahmen und Ergebnisse sind im folgenden angegeben.

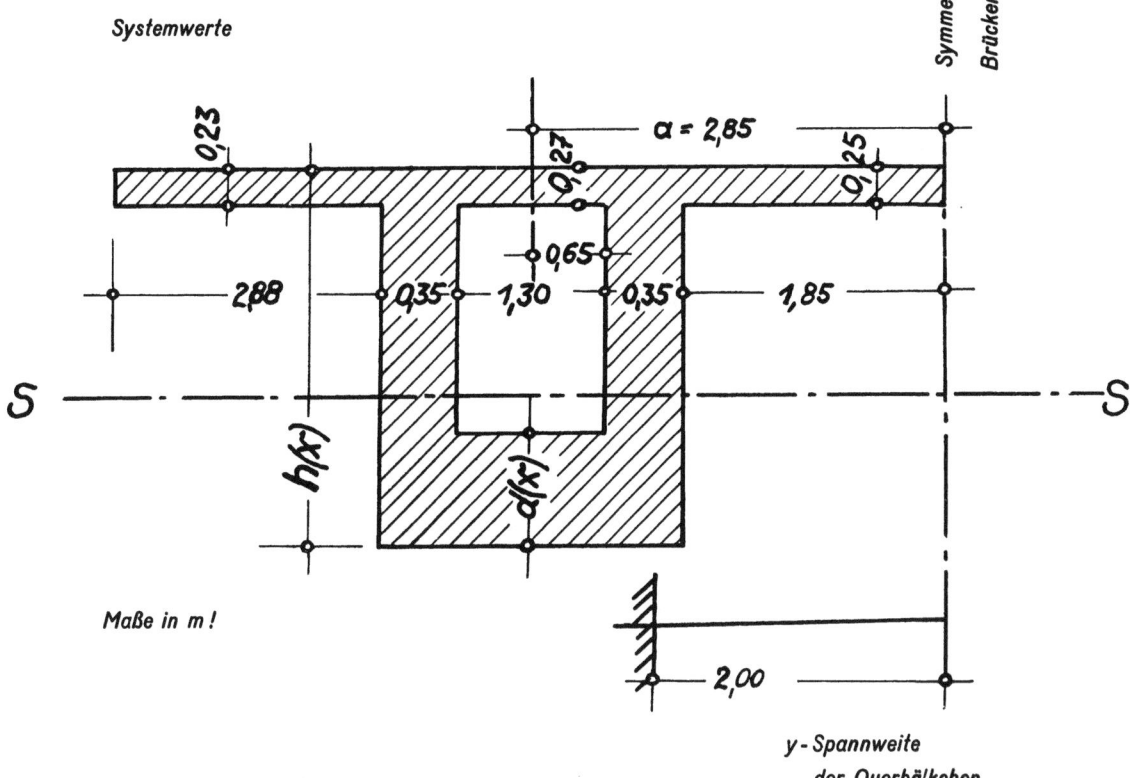

$$d(x) = 1{,}40 - 1{,}25 \cos \frac{\pi x}{108{,}7} + \Delta d(x)$$

$\Delta d(x)$ ein in der Berechnung der Brücke angegebener Zuschlag

$$h(x) = 6{,}50 - 4{,}00 \cos \frac{\pi x}{108{,}7}$$

Das Trägheitsmoment gegen Verdrehen setzen wir aus den Einzelträgheitsmomenten der ineinandergeschachtelten Rechtecke des Hohlkastens zusammen:

$$I_t = I_{ta} - I_{ti}$$

Es ist:
$$I_{ta}(x) = \frac{h(x)\,2{,}00^3}{3}\left(1 - 0{,}630\,\frac{2{,}00}{h(x)} + 0{,}052\,\frac{2{,}00^5}{h^5(x)}\right)$$

$$I_{ti}(x) = \frac{h_i(x)\,1{,}3^3}{3}\left(1 - 0{,}63\,\frac{1{,}3}{h_i(x)} + 0{,}052\,\frac{1{,}3^5}{h_i^5(x)}\right)$$

$$h_i(x) = h(x) - d(x) - 0{,}27$$

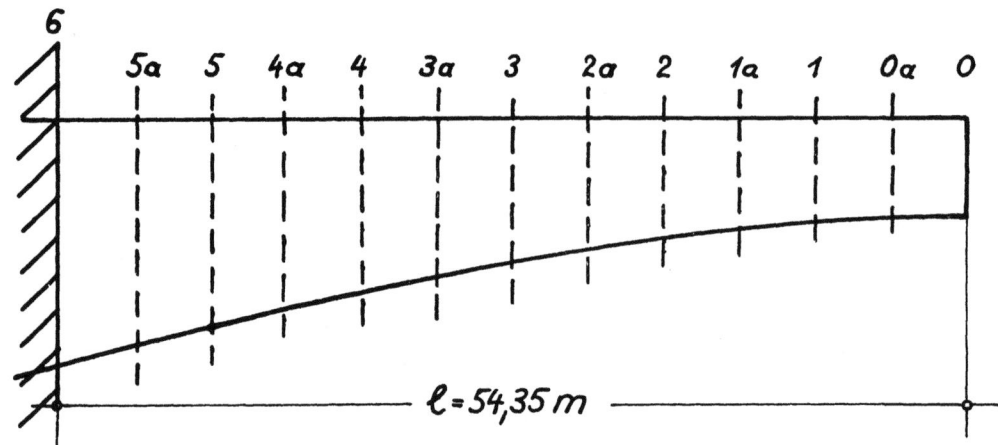

Querschnitt	h (m)	d (m)	I_x (m⁴)	I_t (m⁴)
0	2.50	0.15	2.47	2.49
0a	2.53	0.16	2.58	2.55
1	2.64	0.19	2.97	2.76
1a	2.80	0.25	3.66	3.11
2	3.04	0.32	4.74	3.59
2a	3.33	0.47	6.51	4.25
3	3.67	0.64	8.84	5.03
3a	4.06	0.81	11.99	5.90
4	4.50	1.00	15.98	6.88
4a	4.97	1.13	20.96	7.90
5	5.46	1.27	27.00	8.93
5a	5.98	1.41	34.55	10.05
6	6.50	1.55	43.27	11.14
Zusammen			185.52	74.58

Mittlere Trägheitsmomente:
$I_x = 14{,}27 \text{ m}^4$
$I_t = 5{,}74 \text{ m}^4$
$I_p = 1{,}302 \cdot 10^{-3} \text{ m}^3$
$I_Q = 0{,}068 \text{ m}^4$

Die charakteristischen Konstanten μ und γ ergeben sich zu:

$$\gamma = 2{,}94 \text{ und } \mu = 0{,}136$$

In den Tafeln 3 bis 6 sind einige für die Wormser Brücke errechnete Ergebniskurven, denen verschiedene Annahmen der Querschnittsabmessungen und verschiedene Laststellungen zugrunde liegen, zusammengestellt. Die jeweils zugrunde gelegten Annahmen folgen aus der Beschriftung der Tafeln.

Unbek. Gl. Nr.	X_1	X_2	X_3	X_4	X_{k-2}	X_{k-1}	X_k	X_{k+1}	X_{k+2}	X_{n-3}	X_{n-2}	X_{n-1}	X_n	reSeite
(1)	∂_{11}	∂_{12}	$-\partial_9$											$+R_3$
(2)	∂_1	∂_2	∂_1	1										$-4\partial^4 P_{a,2}$
(k)					1	∂_1	∂_2	∂_1	1					$-4\partial^4 P_{a,k}$
(n−1)									1	∂_1	∂_2-1	-2		$-4\partial^4 P_{a,n-1}$
(n)										2	∂_{13}		∂_{14}	$-4\partial^4 P_{a,n}$

Tafel 1

Unbek. Gl. Nr.	X_1	X_2	X_3	X_4	X_{k-2}	X_{k-1}	X_k	X_{k+1}	X_{k+2}	X_{n-3}	X_{n-2}	X_{n-1}	X_n	reSeite
(1)	$i_0+\tau_1$	σ_2	i_2											$-\gamma_2 P_{a,1}$
(2)	σ_2	τ_2	σ_3	i_3										$-\gamma_2 P_{a,2}$
(k)						i_{k-1}	σ_k	τ_k	σ_{k+1}	i_{k+1}				$-\gamma_2 P_{a,k}$
(n−1)										i_{n-2}	σ_{n-1}	$\tau_{n-1}-i_n$	$-2i_{n-1}$	$-\gamma_2 P_{a,n-1}$
(n)											i_{n-1}	$-2i_{n-1}$	$i_{n-1}+\tfrac{1}{2}\gamma_2$	$-0{,}5\,\gamma_2 P_{a,n}$

Tafel 2

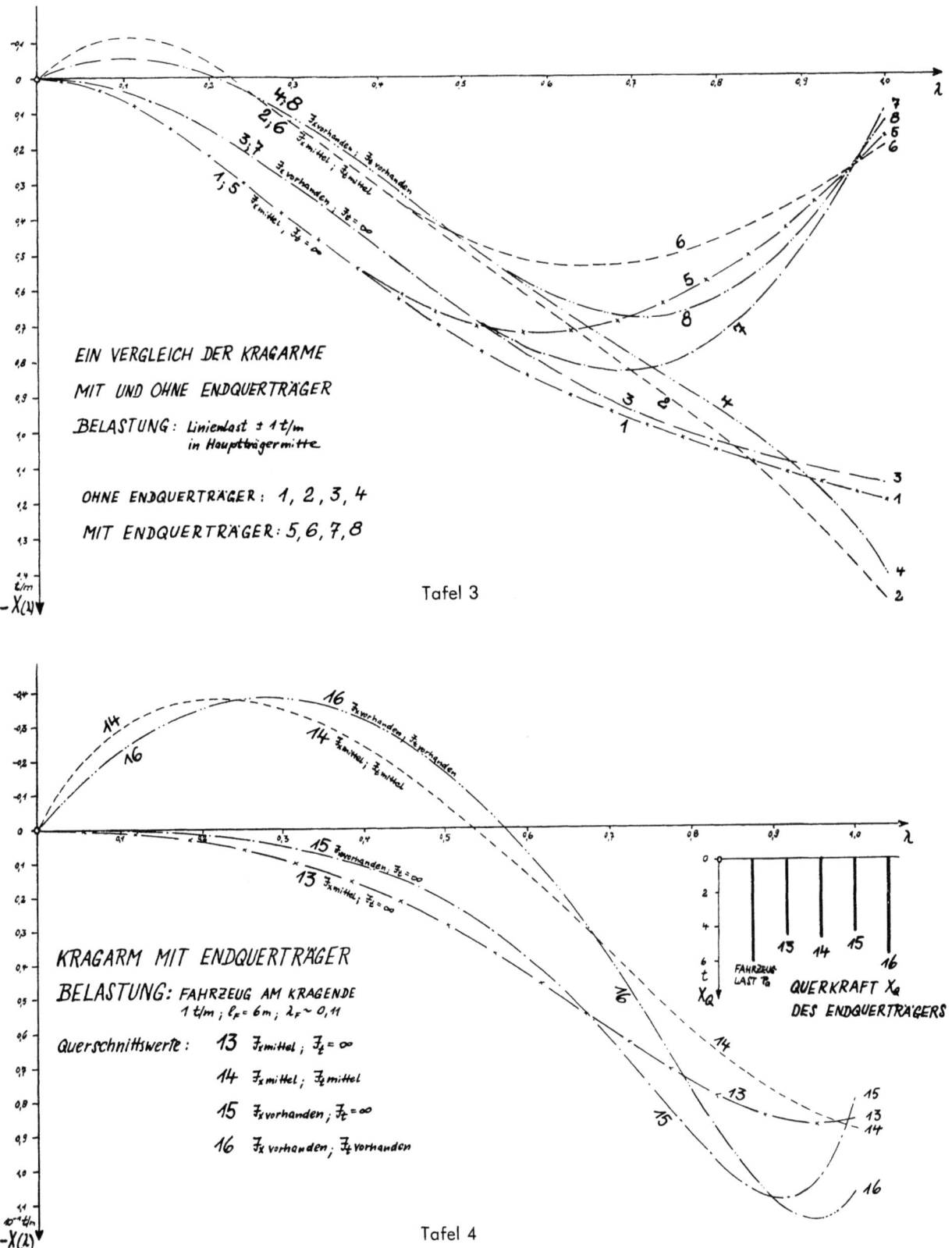

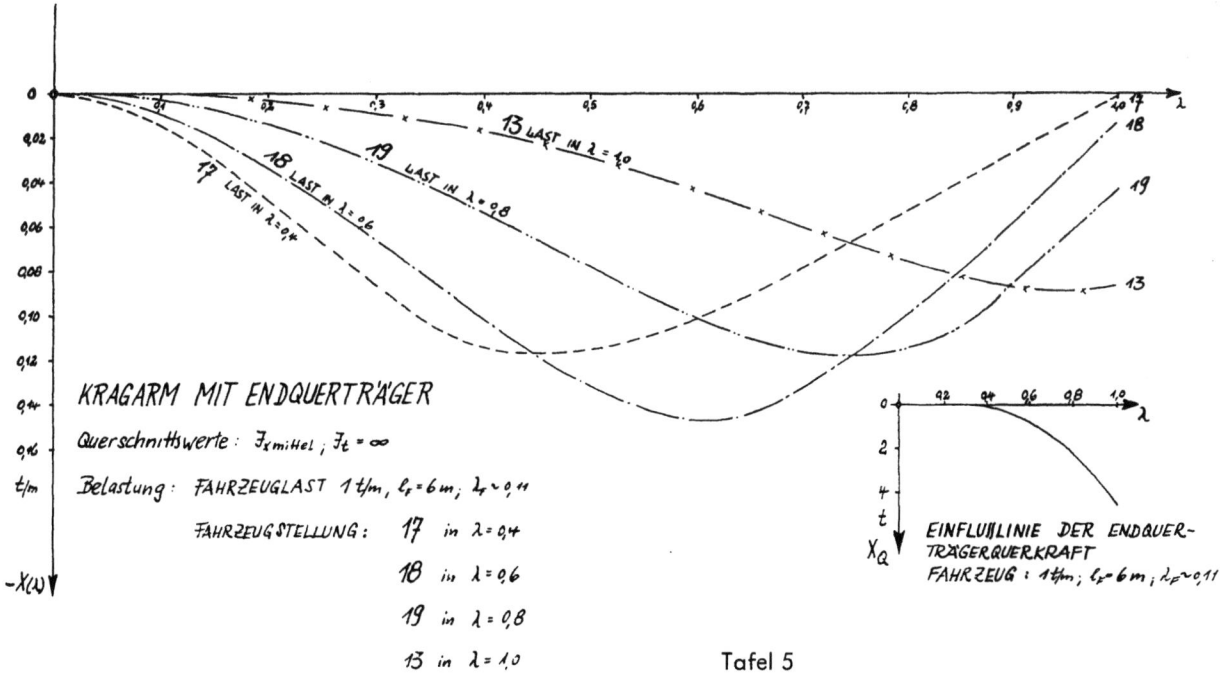

Tafel 5

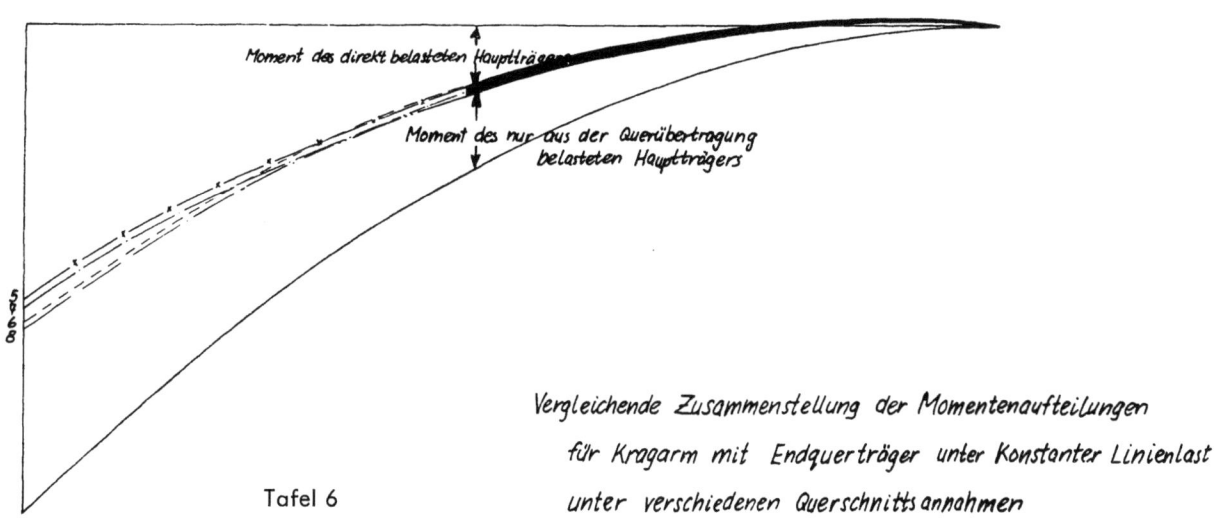

Tafel 6

Vergleichende Zusammenstellung der Momentenaufteilungen für Kragarm mit Endquerträger unter konstanter Linienlast unter verschiedenen Querschnittsannahmen

Die Kragarme wachsen einander zu

DIE ARCHITEKTONISCHE GESTALTUNG
DER NEUEN NIBELUNGENBRÜCKE IN WORMS

Dipl. Ing. Gerd Lohmer, Architekt BDA, Köln.

Fünfzig Jahre liegen zwischen dem Bau der alten und der neuen Rheinbrücke in Worms. In diesem halben Jahrhundert hat sich die Technik auf allen Gebieten in ungeahnten Ausmaßen entwickelt. Die Welt von damals vermögen wir uns heute kaum mehr vorzustellen. Als im Jahre 1900 die Ernst-Ludwig-Brücke feierlich dem Verkehr übergeben wurde, kannte man noch kein Flugzeug, kein Radio, und nur ganz vereinzelt, von aller Welt bestaunt oder verlacht, tauchte mal hier und da ein merkwürdiges Gefährt auf, das man „Automobil" nannte.

Jede neue Erfindung zieht andere nach sich, und so ist es nicht verwunderlich, daß auch im Brückenbau immer wieder neue Konstruktionen gesucht und gefunden werden. Man ist gezwungen, mit der immer schneller ansteigenden Entwicklung des Eisenbahn-, Auto- und Schiff-Verkehrs, der von Jahr zu Jahr größere Anforderungen stellt, Schritt zu halten. Gleichzeitig lernt man aber auch, die neuen Baustoffe Stahl und Beton immer besser anzuwenden und bis zum Letzten auszunutzen.

Als mir vor einiger Zeit die Deutsche Bauzeitung aus dem Jahre 1900 in die Hände fiel, konnte ich lesen, was man vor fünfzig Jahren über die erste Nibelungenbrücke und ihre Architektur geschrieben hat: „... Es will beinahe scheinen, als ob die Wende des Jahrhunderts auch für den deutschen Brückenbau eine Wende in künstlerischem Sinne bedeute. Denn die drei hervorragenden deutschen Brückenbauten, die den Schluß des Jahrhunderts bezeichnen, die Brücken bei Bonn und Worms, zeigen schon in ihren ersten Entwicklungsstadien das bewußte Bestreben, neben dem reinen Zweckmäßigkeits-Standpunkte auch der schönen, sich in die Umgebung einordnenden Erscheinung *die* Bedeutung zu verleihen, die sie in früheren Jahrhunderten besessen, die sie aber infolge der auf das nackte Konstruktions-Bedürfnis basierten Entwicklung der Ingenieurkunst im Laufe des letzten halben Jahrhunderts verloren hat." Und weiter heißt es: „... Was die architektonische Ausbildung der Straßenbrücke Worms im Einzelnen anbelangt, so sind die mittelalterlichen Formen der Thürme und Pfeiler in den Hauptmotiven den von Bischof Burkard erbauten und im Jahre 1689 durch die Franzosen zerstörten Stadtthoren entlehnt. Mit Recht hat man diese dem historischen Charakter der Stadt Worms entsprechenden Formen und Gestaltungen bei dem Brückenbau, dem sie zweckentsprechende Dienste leisten, wieder aufleben lassen. Dazu kommt, daß keine Bauweise in dem Maße wie die romanische es gestattet, bei Verwendung der gewöhnlichen Baustoffe und der einfachsten Gliederungen lediglich durch malerische Gruppierung eine große, monumentale Wirkung zu erreichen."

Damals sah man die Aufgabe des Architekten also darin, das fertige Ingenieurbauwerk „aufzufrisieren", es mit Türmen, Toren und Zinnen zu versehen, damit es volkstümlich werden und monumental wirken solle. Inzwischen haben wir die Eigenschönheit guter Ingenieurkonstruktionen entdeckt. Im Jahre 1940 schrieb *Paul Bonatz*, der große Meister und Lehrer moderner Brückengestaltung, in der „Frankfurter Zeitung" einen Aufsatz über das Thema: „Die Brücke als gemeinsames Werk von Ingenieur und Architekt." Darin heißt es: „Unter *Schönheit* verstehen wir heute nicht mehr das Beigefügte, sondern die Reinheit und Verständlichkeit der Form, das Sinnfällige des Kräftespiels, das Unterscheiden von schwer und leicht, von Lastendem oder Schwebendem, kurz die Ausdruckstärke." –

Der moderne Architekt sieht seine Aufgabe beim Brückenbau darin, den Konstrukteur bei Planung und Ausführung ständig zu beraten, in geistiger Zusammenarbeit mit dem Ingenieur das Wesentliche einer Brücke, den konstruktiven Gedanken, so klar und so einfach wie möglich zum Ausdruck zu bringen, zu *„gestalten"*. Alles Zufällige, Willkürliche, Modische muß vermieden werden. Wie eine gute Plastik soll die Brücke in ihrer Umgebung stehen. Die reine Form muß ihren eigenen, überzeugenden Ausdruck haben: man muß spüren, welche Teile tragen, welche getragen werden, wo die größte Dicke nötig, wo die kleinste Dünne möglich ist.

Bei der Planung und dem Bau der neuen Rheinbrücke in Worms waren die architektonischen Probleme besonders interessant aber auch besonders schwierig. Interessant, weil es sich um die erste Betonbrücke über den Rhein und zwar nach einem ganz neuen Konstruktionsprinzip handelte. Schwierig, weil diese Betonbrücke zwischen die noch erhalten gebliebenen und mit Stein verkleideten alten Vorlandbrücken eingefügt werden mußte. Außerdem war von der Stadt Worms ausdrücklich verlangt worden, den gewaltigen Brückenturm auf dem Wormser Ufer, der die beiden Weltkriege überstanden hat, zu erhalten und in den Gesamt-Brückenzug einzubeziehen.

Es galt zunächst, das neuartige Konstruktionsprinzip sinnfällig und klar zum Ausdruck zu bringen. Bei dieser „Spannbetonbrücke im Freivorbau" haben wir es nicht mit einem Balken zu tun, der auf Pfeilern ruht, sondern mit starr eingespannten Kragarmen, die aus den Pfeilern nach beiden Seiten so weit frei vorgebaut werden, bis sie sich in der Mitte der Stromöffnungen gleichsam die Hände reichen und so die Brücke schließen.

Freivorbau der Kragarme

Hauptaufgabe der Gestaltung ist also, durch die Verteilung der Massen und durch die Linienführung, unter Ausnutzung der Schattenwirkung, das Kragende, Schwebende, Leichte zum Ausdruck zu bringen im Gegensatz zum Lastenden, Hängenden, Schweren anderer Brückenkonstruktionen.

Die Auflösung der Pfeiler in je zwei Pfeilerschäfte, die bis unter die Fahrbahn hochgezogen sind, betont das Luftige, Hochstrebende und gibt möglichst viel Blick in die weite Landschaft frei.

Die Linienführung der Kragarme läßt den Verlauf der Kräfte erkennen, die in der Nähe der Pfeiler am größten, in der Mitte der Öffnungen am kleinsten sind.

Der tiefe Schatten unter dem weit ausladenden Gesims der Fahrbahnplatte nimmt den Betonmassen die Schwere und läßt sie dünn und dadurch leicht und schwebend erscheinen.

Das schwierigste Problem beim Bau dieser Brücke war, trotz der Verschiedenheit der Materialien Beton und Stein, die neuen und die alten Bauteile zu einer Einheit zusammenzuschmelzen und so eine möglichst harmonische Gesamtwirkung der neuen Strombrücke mit den alten Vorlandbrücken herzustellen. Da der ganze Brückenzug gegen früher um ca. drei Meter verbreitert werden sollte, wurden die Massivbrüstungen der alten Vorlandbrücken abgebrochen und auch auf den Rampenbauwerken die Fahrbahnplatten ausgekragt und mit dem gleichen Gesims und Geländer versehen wie die Strombrücke. Die Draufsicht der Brücke und ihr oberster Abschluß ist also von Rampenende zu Rampenende durchlaufend gleich.

Die Führung der ausgekragten Gehwege durch den alten Brückenturm ist eine Notlösung, die in Kauf genommen werden muß.

Dieser ersten Betonbrücke über den Rhein, deren Bau von der ganzen Fachwelt mit der größten Aufmerksamkeit verfolgt wurde, fehlt noch die Patina. Die aber wird ihr die geschickteste Vermittlerin von Alt und Neu verleihen: die Zeit.

Die neue Brücke

Anschluß der Nibelungenbrücke an den linksrheinischen Turm

LEBENSLAUF UND TECHNISCHE MERKMALE DER STRASSENBRÜCKE ÜBER DEN RHEIN IN WORMS

Aufgestellt von Dr. Dr. Ernst F. Wahl, Koblenz

I. LEBENSLAUF

A. *Entstehung der Brücke*

1895	Entschluß der hessischen Regierungsstellen in Darmstadt zum Bau einer Straßenbrücke an Stelle der seit 45 Jahren betriebenen Schiffbrücke über den Rhein bei Worms.
17. 6. 1895	Ausschreibung eines Wettbewerbes zur Erlangung von geeigneten Entwürfen.
19. 1. 1896	Preisgericht wählt den Entwurf der Maschinenbauaktiengesellschaft Nürnberg, Filiale Gustavsburg, mit Grün & Bilfinger, Mannheim, aus. Künstlerische Bearbeitung Geh. Oberbaurat Prof. K. Hofmann, Darmstadt.
April 1897	Beginn der Gründungs- und Maurerarbeiten.
1. 5. 1898	Beginn der Stahlbaumontage rechte Öffnung.
1. 8. 1898	Beginn der Stahlbaumontage linke Öffnung.
24. 9. 1898	Beginn der Stahlbaumontage Mittelöffnung, gleichzeitig Seitenöffnungen ausgerüstet.
16. 12. 1898	Mittelöffnung freigegeben.
1899 bis März 1900	Ausbau der Fahrbahn, Tortürme, Vorlandbrücken, Rampen und Ausstattung der Brücke.
26. 3. 1900	Feierliche Einweihung durch Großherzog Ernst Ludwig von Hessen-Darmstadt.

B. *Zerstörung der Brücke*

20. 3. 1945   Durch deutsche Pioniere werden die drei Flußöffnungen und Flußpfeiler zerstört, die beiden Tortürme schwer beschädigt, die Flutbrücken in Mitleidenschaft gezogen.

C. *Räumung des Flußbettes und Beseitigung der Brückentrümmer*

Sept. 1946 bis Jan. 1948   Durch Wasserstraßenverwaltung Beseitigung der Stahltrümmer.
Kosten: 457 476.— RM

12. 9. 1950 bis 15. 4. 1951   Räumung und Abtragen der zerstörten
Pfeiler durch Straßenverwaltung Rheinland-Pfalz   Kosten: 136 000.— DM

3. 1. 1951 bis 12. 5. 1951   Abtragen des rechten Torturmes.   Kosten: 31 993.— DM

Abbildung der Taufurkunde vom 26. 3. 1900
aufgefunden bei den Abbrucharbeiten zur Durchführung der Gehwege am linken Torturm im Februar 1953
(Originalgröße 30/45,5 cm) auf Pergament

D. Wiederaufbau der Straßenbrücke

2. 10. 1950   Der Bundesminister für Verkehr beteiligt sich auf Antrag der Länder Hessen und Rheinland-Pfalz an den Wiederaufbaukosten, die wie folgt aufgeteilt werden:

        Bund   50 %

        Land Hessen   25 %

        Land Rheinland-Pfalz 25 %

Die Federführung für die Entwurfsbearbeitung und Bauoberleitung erhält die Straßenverwaltung Rheinland-Pfalz, Direktion Koblenz.

23. 10. 1950   Die Stadt Worms gibt ihre Zustimmung zum Abtragen des Brückenturmes auf dem rechten Ufer.

10. 11. 1950   Ausschreibung eines Wettbewerbes zur Erlangung von Entwürfen mit Angeboten unter einer beschränkten Anzahl von Stahlbau- und Betonbaufirmen.

17. 1. 1951   Öffnen der eingereichten Entwürfe und Angebote.

30. 4. 1951   Zustimmung des Bundesministers für Verkehr zur Ausführung als Spannbetonbrücke entsprechend dem Vorschlag der Straßenverwaltung Rheinland-Pfalz nach dem Entwurf Dyckerhoff & Widmann KG.

28. 5. 1951   Beginn der Baustelleneinrichtung.

16. 8. 1951 bis 13. 1. 1952   Gründung des rechten Strompfeilers auf dem vorhandenen Caisson und Hochführen des Pfeilers.

18. 10. 1951 bis 8. 1. 1952   Umbau, Gründung und zusätzliche Verankerung des rechten Landwiderlagers als Gegengewicht.

18. 9. 1951 bis 9. 4. 1952   Gründung des linken Strompfeilers auf dem vorhandenen Caisson und Hochführen des Pfeilers.

16. 5. 1952 bis 24. 9. 1952   Umbau des linken Landwiderlagers und Landpfeilers.

1. 3. 1952 bis 9. 1. 1953   Bau der drei Flußöffnungen mit drei Vorbauwagen (13 Arbeitsabschnitte) im Frei-Vorbau, beginnend vom rechten Landwiderlager 1. 3. 1952 - 27. 5. 1952

        rechten Flußpfeiler (2 x 18 Arbeitsabschnitte)

                              26. 2. 1952 - 30. 7. 1952

        linken Flußpfeiler (2 x 18 Arbeitsabschnitte)

                              16. 7. 1952 - 9. 1. 1953

        linken Landwiderlager (14 Arbeitsabschnitte)

                              15. 9. 1952 - 23. 12. 1952

15. 11. 1952 bis 3. 1. 1953   Vorlandbögen, Verbreiterung und Fahrbahnerneuerung linkes Ufer,

29. 12. 1952 bis 28. 2. 1953   Vorlandbögen, Verbreiterung und Fahrbahnerneuerung rechtes Ufer. Umbau des linken Torturmes, Durchbrüche für Gehwege.

1. 3. 1953 bis 30. 4. 1953   Herstellung der Fahrbahn, Radwege und Gehwege, Geländer und Beleuchtung.

II. TECHNISCHE MERKMALE

A. Die erste Straßenbrücke (1897 – 1900), Bauzeit 36 Monate

a) Flußüberbrückung mit drei Zweigelenkbogen aus Stahlfachwerk mit abgestützter Fahrbahn mit Öffnungen von 94,4 + 105,6 + 94,4 m zwischen den Gelenken, bzw. 101,80 + 113,0 + 104,55 m Abstände der Pfeilerachsen.   Gesamt = 327,35 m

b) Vorlandbrücken: rechtes Ufer neun Bögen von 35 m bis 21 m, linkes Ufer drei Bögen von 32 m bis 28 m aus Beton- und Bruchsteinmauerwerk (Dreigelenkbogen).

                                       Gesamte Bauwerkslänge 778 m

c) Brückenbreite: Fahrbahn 6,5 m zuzüglich zwei Gehwege je 2,0 m = 10,5 m gesamt.

d) Tragfähigkeit: 24 t Einzelfahrzeug und 400 kg/m² gleichmäßig verteilte Last.

e) Gesamtgewicht der Stahlkonstruktion 1823 t (Preis fertig montiert, ausschließlich Rüstung: 275 M/t)

f) Gesamtkosten: Veranschlagt auf 2,8 Mill. M., abgerechnet 3 197 900 M.

B. Die neue Straßenbrücke (1951 – 1953), Bauzeit 23 Monate

a) Flußüberbrückung mit 6 Kragträgern aus Spannbeton auf neuen Stahlbetonpfeilern mit Öffnungen 101,65 + 114,20 + 104,20 m von Pfeilermitte zu Pfeilermitte.

b) Vorlandbrücken wie bisher, jedoch verbreitert wie Flußbrücke auf Gesamt 14,00 m.

c) Brückenbreite: Fahrbahn 7,50 m zuzüglich 2 Gehwege je 1,50 m   10,50 m
                        zuzüglich 2 Radwege je 1,50 m   3,00 m
                        zuzüglich 2 × Gesims je 0,25 m   0,50 m
                                               = Gesamt 14,00 m

d) Tragfähigkeit: Brückenklasse 60

e) Aufgewendete Baustoffe:	Strombrücke	Vorlandbrücke	Gesamt
Kies	11 000 m³	1 960 m³	12 960 m³
Zement: Z 225	300 t	90 t	390 t
Z 325	1 530 t	70 t	1 600 t
Z 425	800 t	465 t	1 265 t
Insgesamt Zement	2 630 t	625 t	3 255 t
Baustahl: I – III	146 t	50 t	196 t
St 90	414 t	70 t	485 t
Holz	270 m³	150 m³	420 m³
Schalfläche	16 900 m²	8 600 m²	25 500 m²

f) Gesamtkosten: Veranschlagt 4 200 000 DM.

DIE NIBELUNGENBRÜCKE UND IHRE BEZIEHUNG ZUR VERKEHRSPLANUNG

Stadtbaurat Dipl. Ing. Heinrich Vogt, Bauassessor, Worms.

I. ALLGEMEINE GESICHTSPUNKTE FÜR DIE VERKEHRSPLANUNG

Es ist eine bekannte Tatsache, daß eine der wichtigsten, wenn nicht sogar die wichtigste Grundlage für eine zeitgemäße und zukunftsgerechte Stadtplanung die Gestaltung des Verkehrsnetzes ist. Diese Erkenntnis setzt sich erfreulicherweise, wenn auch bisweilen nur zögernd unter dem Zwang einer unaufhaltsamen und unerbittlichen Entwicklung, in zunehmendem Maße durch. Ebenso unbestritten ist, daß die städtebauliche Entwicklung nicht nur der Großstädte, sondern auch der mittleren Städte im Zeichen des wachsenden Straßenverkehrs steht und demzufolge das Straßennetz einmal den innerstädtischen Verkehrsbedürfnissen, zum anderen den Forderungen des durchgehenden Fernverkehrs auf weite Sicht genügen muß. Denn die nach dem Kriege, insbesondere nach der Währungsumstellung eingetretene rasche wirtschaftliche Erholung wirkt sich in der steilen Aufwärtsentwicklung der Motorisierung aus. Diese fordert gebieterisch die *Verbesserung* der im wesentlichen im Zeitalter der Postkutsche entstandenen *Straßenzüge* hinsichtlich ihrer Abmessungen, Linienführung und Beschaffenheit, nicht zuletzt auch im Hinblick auf die ebenfalls zunehmende Zahl der Radfahrer und Fußgänger, also letzten Endes zum Schutze aller Verkehrsteilnehmer. Die umfangreichen Kriegszerstörungen des Stadtgebietes bieten hierzu eine *einmalige Chance*. Andererseits setzt die mittelalterliche Struktur des Stadtbildes, dessen Charakter es im wesentlichen zu erhalten gilt, den notwendigen Eingriffen gewisse Grenzen, die auch nach der finanziellen Seite gegeben sind.

II. VERKEHRSPLANUNG UND BRÜCKE

Verkehrslage und -Aufgaben

Der Wiederaufbau der unter dem Namen Nibelungenbrücke bekannten Straßenbrücke über den Rhein in Worms gibt den Anlaß, die Beziehungen zu prüfen, die zwischen dem Rheinübergang einerseits und dem Verkehrsnetz des Stadtgebietes von Worms andererseits bestehen.

Worms liegt, durch seine geographische Lage bedingt, im Schnittpunkt zweier wichtiger Verkehrsströme, von denen der eine in nord-südlicher Richtung verlaufend – die Rheintallinie – in seiner Bedeutung der zweifellos vorherrschende ist. Diese Rheintallinie wird von der Ost-West-Linie im Zuge der alten historischen Nibelungenstraße in Worms als dem Rheinübergang gekreuzt. Diesen beiden Verkehrsströmen folgen einmal die Eisenbahnlinien, dann die Landstraßen und schließlich die Autobahnlinien. Für Worms sind zwei Autobahnlinien von Bedeutung und zwar die Nord-Süd-Linie: Frankfurt/Main – Mannheim – Karlsruhe und die Ost-West-Linie: Frankenthal – Kaiserslautern – Saargebiet, die in Kürze ihren unmittelbaren Anschluß an die Nord-Süd-Linie bei Viernheim finden wird. Die Anschlußstellen

Lorsch, etwa 13 km von Worms und Frankenthal, rund 8 km von Worms entfernt, vermitteln die Verbindung mit den beiden erwähnten Hauptverkehrsströmen, denen die beiden Hauptverkehrsstraßen Bundesstraße 9: Mainz–Worms–Ludwigshafen und die Ost-West-Linie der Bundesstraße 47, genannt Nibelungenstraße, von der Nordpfalz zum Ried, Odenwald und Maintal folgen.

Aufgabe der Verkehrsplanung und der Straßenplanung im besonderen ist es nun, durch rechtzeitigen und entsprechend großzügigen Ausbau dafür zu sorgen, daß die Stadt aus diesen Verkehrsströmen Anregungen und Nutzen für ihr eigenes Wirtschaftsleben zieht, dessen Aufschwung letzten Endes wiederum dem Hinterland zugute kommt. Dies kann in zweifacher Weise geschehen:

1. Das Ein- und Ausfließen des nach der Stadt zielenden und in ihr entspringenden Verkehrs — des Ziel- und Quellverkehrs — muß durch entsprechend gute und zügige, also bequeme Straßenanlagen gefördert werden.
2. Für den durchgehenden Fernverkehr müssen möglichst noch im Weichbild der Stadt zügige Wege geschaffen werden, die einerseits gute Umfahrungsmöglichkeiten bieten, die aber andererseits immer noch so nahe liegen sollen, daß der Anreiz zum Besuchen der Stadt ohne großen Zeitaufwand gegeben ist.

Der Wiederaufbau der Straßenbrücke über den Rhein, im folgenden kurz Nibelungenbrücke genannt, erfolgt im Zuge der Ost-West-Verbindung, der Nibelungenstraße, und zwar an der gleichen Stelle, an der vor rund fünfundfünfzig Jahren die alte, die ehemalige Ernst-Ludwig-Brücke errichtet wurde. Die Wahl der gleichen Übergangsstelle war bedingt durch die Möglichkeit, die alten Pfeilergründungen und die auf ihre gesamte Länge im wesentlichen unversehrt gebliebenen Landbögen wieder zu verwenden, wodurch die Finanzierung und somit die Realisierung des Brückenbaues zum derzeitigen Zeitpunkt wesentlich erleichtert wurde. Hier sei die verständnisvolle Haltung und die Unterstützung des Brückenbaues seitens der zuständigen Stellen des Bundes und der beteiligten Länder dankbar hervorgehoben.

Obwohl die Verkehrsbedingungen sich seit dem Bau der ersten Brücke grundlegend geändert haben, mußte bei der Verkehrsplanung infolgedessen von dieser Tatsache und mithin der gegebenen Lage der Brücke ausgegangen werden. Die hohen Kosten, die der Bau neuer Pfeilerfundamente mit den teueren Gründungen sowie der sehr langen Landöffnungen und Rampen verursacht hätte, schlossen die Wahl einer neuen, zu den Straßenanschlüssen vielleicht günstiger gelegenen Brückenachse leider von vornherein aus. Hieraus mußten sich für das Einbinden des Rheinüberganges in das Verkehrsnetz zwangsläufig gewisse Nachteile ergeben, die u. a. in der schon den heutigen und um so mehr den künftigen Verkehrsanforderungen nicht mehr gerecht werdende Gestaltung der Brückenköpfe bzw. Anschlüsse an die zur Brücke und an ihr vorbeiführenden Straßen bestehen, wenn man von dem linken Brückenturm absieht, dessen Beseitigung sowohl aus ästhetischen als auch verkehrstechnischen Gründen wünschenswert gewesen wäre, zu der man sich aber bedauerlicherweise nicht entschließen konnte. Während allerdings die örtlichen Verhältnisse es noch gestatten, den rechtsrheinischen Brückenkopf zu einem späteren Zeitpunkt so umzugestalten, daß die aus nördlicher Richtung von Hofheim kommende Landstraße I. Ordnung einen besseren Anschluß in beiden Richtungen an die Bundesstraße 47 und damit an die Brücke erhält, scheidet eine solche Möglichkeit an dem linksrheinischen Brückenkopf leider aus. Der aus der Zeit der historischen Imitation stammende hohe „Renaissancebau" des Gymnasiums, dessen allgemeine städtebauliche Situation, insbesondere als Schule, infolge seiner peripheren Lage, dazu noch unmittelbar im Schnittpunkt zweier Verkehrsstraßen eine denkbar ungünstige ist, verhindert eine großzügige, sowohl der Bedeutung der Brücke würdige als auch städtebaulich wie verkehrstechnisch befriedigende Lösung. Eine solche Lösung wäre zur reibungslosen Abwicklung des sehr starken Verkehrs an dieser Stelle in der Form eines Verteilerkreises zu suchen, der aber nicht mehr unterzubringen ist. Es mußte nun diese hier wenig glückliche städtebauliche Situation als gegeben und unabänderlich hingenommen werden, was hinsichtlich der Gestaltung des unmittelbar vor dem Gymnasium entstehenden Verkehrsknotens viele Wünsche offen läßt.

Die Lage der Brückenachse ist in sehr weitgehendem Maße mit bestimmend, wenn nicht gar entscheidend für die Führung der Verkehrsstraßen und der Umgehungslinien. Denn es galt

a) die in nord-südlicher und west-östlicher Richtung verlaufenden Hauptverkehrsadern, die Bundesstraßen 9 und 47, möglichst klar und zügig an den Rheinübergang heranzuführen,

b) den Stadtkern nach der Brücke hin zu öffnen und mit dieser verkehrlich und städtebaulich enger zu verbinden und

c) zwischen den Umgehungsstraßen einerseits und der Brücke andererseits bequeme Verbindungs- und Übergangsmöglichkeiten zu schaffen.

Innerstädtische Verkehrsstraßen

Zunächst sei auf das innerstädtische Straßennetz und seine Beziehungen zur Nibelungenbrücke eingegangen, da diese von besonderem Einfluß auf die Gestaltung des Aufbauplanes des Stadtkernes sind. Um der unter II. Ziffer 1. aufgeführten Forderung zu entsprechen, ist es möglich, fast durchweg nur mit Fluchtlinienänderungen die zur Verbreiterung der allerdings meist viel zu engen Straßen des Altstadtgebietes notwendigen Flächen zu gewinnen. Daß die hiervon berührten Gebäude fast ausnahmslos stark oder völlig zerstört sind, erleichtert die Durchführung dieser Maßnahmen ganz wesentlich. Durch die Verbreiterung der in nord-südlicher Richtung verlaufenden sehr engen Straßenzüge Kämmererstraße und parallel hierzu Römerstraße sowie der ebenso schmalen Ost-West-Straßen wird eine verkehrliche Auflockerung der Innenstadt erreicht.

Trotzdem läßt ein Blick auf den abgedruckten Ausschnitt des Verkehrsplanes erkennen, daß es an leistungsfähigen, zügigen Verbindungen sowohl für den Verkehr von Norden wie insbesondere Süden und Westen zur Brücke und umgekehrt fehlt. Sämtliche in ost-westlicher Richtung führenden alten Straßen können die Funktion innerstädtischer Verkehrs- und Zubringerstraßen zur Rheinbrücke nicht erfüllen, da sie, sämtlich zu schmal, entweder nicht verbreiterungsfähig sind, weil deren Gebäude noch in einem Ausmaß erhalten sind, daß ein Abbruch nicht zu rechtfertigen ist, oder weil sie keine geradlinige Durchführung des Verkehrs auch nach erfolgter Verbreiterung ermöglichen. Die im Norden an der Altstadt vorbei, auf den Hauptbahnhof zulaufende Straße muß ebenso ausscheiden, weil ihr die westliche Fortsetzung über die Eisenbahn fehlt; abgesehen davon liegt sie schon zu weit ab vom eigentlichen Schwerpunkt der Stadt. Eine *organische, städtebaulich erkennbare und betonte Verbindung zwischen dem Stadtzentrum und der Brücke fehlt* also *bisher.*

Der Aufbau- und Verkehrsplan hat sich daher in Erkennung dieses Mangels die *Schaffung* einer solchen, die Schwerachse des bebauten Stadtgebietes *durchlaufenden Ost-West-Verbindung zum Rhein* zur Aufgabe gemacht. Hierzu bedarf es allerdings eines — aber auch des einzigen — einschneidenden Eingriffes in Form eines Straßendurchbruches (in der Abbildung durch einen Kreis hervorgehoben). Dieser Straßendurchbruch gibt dem von Westen kommenden, die Eisenbahn in einer Brücke überquerenden, in östlicher Richtung verlaufenden und den Markt berührenden Straßenzug die bisher fehlende unmittelbare

Fortsetzung zum Rhein. Es wird hiermit eine verhältnismäßig zügige Verbindung als *die* künftige innerstädtische *Hauptzubringerstraße zur Nibelungenbrücke* hergestellt. Außer dieser verkehrstechnisch hervorragenden Aufgabe hat dieser neue Straßenzug, die „verlängerte Petersstraße", eine ebenso bedeutungsvolle städtebauliche Aufgabe zu erfüllen. Sie besteht darin, daß das Stadtinnere enger mit dem Rhein und dem

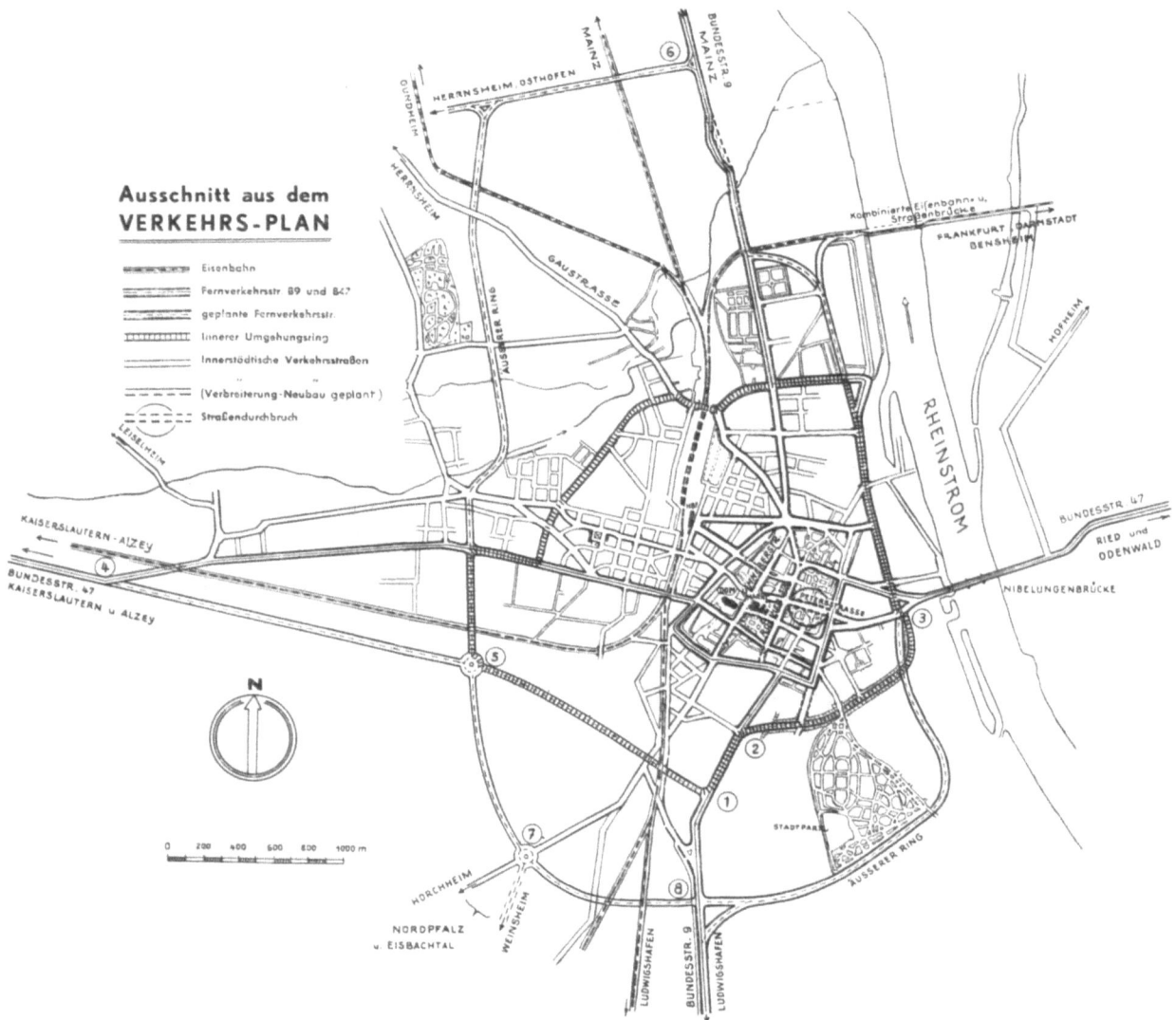

Rheinübergang und damit mit dem rechtsrheinischen Hinterland verbunden, die Stadt also sozusagen näher an den Rhein herangebracht und der Stadtkern dem von Osten einströmenden Zielverkehr geöffnet wird. Der Durchbruch bewirkt außerdem die Erschließung eines bisher verkehrlich und wirtschaftlich nicht oder nur schlecht erschlossenen Gebietes, dessen großzügige Sanierung im Zusammenhang mit dem Straßenausbau geplant ist.

Die bis auf verhältnismäßig wenige benutzbar gebliebene Häuser fast restlose Zerstörung des vom Durchbruch durchschnittenen Gebietes erleichtert die Realisierung dieses Projektes, dem die Inbetriebnahme der Nibelungenbrücke nach einer achtjährigen Unterbrechung einen weiteren neuen Impuls geben wird. Die städtebauliche und verkehrstechnische Bedeutung dieser neuen Haupt-Ost-West-„Achse" wird sich dann erst voll auswirken können, wenn die das innere Stadtgebiet in nord-südlicher Richtung aufschließenden Straßenzüge Kämmererstraße und Römerstraße durch die geplanten, teilweise bereits in Angriff genommenen Verbreiterungen (Kämmererstraße) ihren ausgesprochenen Engpaß-Charakter verloren haben.

Fernverkehrsstraßen

Der abgebildete Verkehrsplan zeigt weiter, daß die beiden Hauptfernverkehrsstraßen Bundesstraße 9 und Bundesstraße 47 zwar unmittelbar am westlichen Brückenkopf vorbeiführen und somit Anschluß zur Brücke haben. Er läßt aber auch erkennen, daß ihre *Linienführung keinesfalls befriedigt*. Wie in allen im Mittelalter gewachsenen Städten verfügt der Fernverkehr in der Stadt über keine hierzu besonders bestimmten Straßenzüge. Er benutzt auch heute noch im wesentlichen die alten Landstraßen, die sich als die sogenannten Ortsdurchfahrten der heutigen Bundes- und Landstraßen durch die mehr oder weniger eng bebauten Stadtgebiete ziehen. Daß diese seinerzeit ausschließlich für den Fuhrwerksverkehr bestimmten Straßenzüge dem Kraftverkehr und ganz besonders dem Verkehr der Lastkraftwagen und Lastkraftwagenzüge, der durch den ebenfalls immer lebhafter werdenden Radfahrerverkehr verstärkt wird, nicht mehr gewachsen sind, liegt auf der Hand. Schlechte Linienführung, enge Kurven, unübersichtliche Kreuzungen, zum Teil ungenügende Straßenbreiten, schienengleiche Eisenbahnübergänge und sonstige Gefahrenstellen beeinträchtigen den Verkehrsfluß und bringen alle Verkehrsteilnehmer, mithin auch die Fußgänger, in Gefahr. Die zu erwartende weitere Zunahme des Kraftverkehrs wird ein weiteres Wachsen der Verkehrsschwierigkeiten bringen, was die Schaffung besonderer Fernstraßenzüge zur Entlastung der engen Altstadtstraßen immer gebieterischer fordert.

Die Bundesstraße 9 steht bezüglich der Verkehrsfrequenz mit rund achttausend Fahrzeugen und einem beförderten Gesamtgewicht von über dreizehntausend Tonnen pro Tag an der Spitze. Ihr folgt die ostwestlich verlaufende Bundesstraße 47 mit rund viertausendfünfhundert Fahrzeugen und einem Gewicht von fast sechstausend Tonnen, der die aus dem nordpfälzischen Raum und dem Eisbachtal (Südwesten der Stadt) kommende Straße an Bedeutung kaum nachsteht.

Der Verkehrsplan läßt einen größeren äußeren und einen kleineren inneren Umgehungsring erkennen. Dieser innere Umgehungsring ist als erste Etappe in der Schaffung von Entlastungswegen für den Fernverkehr gedacht, mit deren Realisierung, wenn auch nach Jahren, aber immerhin in absehbarer Zeit, gerechnet werden kann, zumal er Teile bereits vorhandener Straßen benutzt. Der innere Ring trennt bei Punkt (1) den vom Süden kommenden Fernverkehr einmal in die nach Westen strebende Richtung Punkt (5) und zum anderen bei Punkt (2) in den nach Norden in Richtung Mainz und nach Osten zur Brücke weiterlaufenden Verkehr, der diese bei (3) erreicht. In westlicher Richtung wird durch einen neuen Straßenzug südlich der Eisenbahnlinie Worms-Alzey eine Verbindung zur Bundesstraße 47 bei (4) und damit eine West-Ost-Umgehung im Zuge der Bundesstraße 47 zur Brücke geschaffen (4 - 5 - 1 - 2 - 3). Sie entlastet einmal die zum Teil wertvolles Wohngebiet durchschneidende und durch eine enge Durchfahrt im westlichen Stadtteil Pfiffligheim beeinträchtigte alte Bundesstraße 47 sowie die Brücke über die Eisenbahn Worms-Ludwigshafen, zum anderen vermeidet sie die sehr schlechte und verkehrsgefährliche schienengleiche Kreuzung am Westausgang der Stadt.

Der von Westen und Süden kommende, in östlicher Richtung über den Rhein zielende Durchgangsverkehr wird somit aus dem engen Stadtgebiet herausgenommen. Ebenso der in der gleicher Richtung strebende, aus dem Südwesten (von Horchheim und Weinsheim) einströmende Verkehr.

Die Durchfahrt der Bundesstraße 9 von Norden her zur Brücke und an dieser vorbei in südlicher Richtung nach Ludwigshafen wird verbessert.

Dieser Straßenzug erfährt seine Entlastung durch die im Norden vor der Stadt bei (6) abzweigende, nordwestlich an dieser vorbei in südlicher Richtung durch Baulücken verlaufende Eckverbindung, welche die Bundesstraße 47 südlich der Bahn bei (5) erreicht und den Eckverkehr Norden — Westen und umgekehrt sowie den Anschlußverkehr der westlichen Vororte und Stadtteile unter Umgehung des Stadtkernes aufzunehmen hat. Diese Eckverbindung (4-5-6) bildet ein Teilstück des größeren äußeren Umgehungsringes, dessen südlichem Abschnitt (5-7-8-3) vorläufig die Bedeutung einer Planung auf weiteste Sicht und Sicherung ihrer künftigen Durchführbarkeit zukommt.

Dem Rheinübergang im Zuge der Nibelungenbrücke und einer zügigen und reibungslosen Ost-West-Verbindung im Raume Worms kommt im Hinblick auf die durch Rheinhessen geplante direkte Straßenverbindung zwischen der Nordpfalz und dem Rhein-Neckar-Raum einerseits und dem Binger Raum zum Rheintal und der Ersatzstraße über den vorderen Hunsrück andererseits eine ganz besonders große Bedeutung zu, da diese Verbindung ihren südlichen Anschluß an die Weinstraße in der Höhe von Worms erhalten soll. Im Falle der Verwirklichung dieser Planungsabsicht, die eine erhebliche Verkürzung der Straßenverbindung zwischen dem Rhein-Neckar-Raum und dem Mittelrhein-Raum ermöglicht, wird die Bundesstraße 47 und damit die Nibelungenbrücke eine erhöhte Verkehrsbedeutung einmal für den Wormser Wirtschaftsraum selbst und dann für die Erschließung des rechtsrheinischen Hinterlandes bekommen.

III. AUSBLICK

Wie in der im Jahre 1950 erschienenen Denkschrift des Oberbürgermeisters der Stadt Worms bereits ausgeführt wurde, machte sich das jahrelange Fehlen einer Brücke überhaupt und dann einer nur dem Straßenverkehr gewidmeten leistungsfähigen Brücke für die Stadt Worms und die hier ansässige Industrie und Wirtschaft in sehr hohem Maße nachteilig bemerkbar. Die Wiederherstellung der Brücke erleichtert es nun der Wormser Wirtschaft, die rechtsrheinischen Absatzgebiete, die durch die langjährigen, fast unüberwindlich gewesenen Zonengrenzen und die fehlenden Verbindungsmöglichkeiten über den Rhein verloren gegangen waren, mit größerem Erfolg wieder zurückzugewinnen. Es wird allerdings einer gewissen Zeit bedürfen, bis die durch das langjährige Fehlen einer Brücke eingetretene Verlagerung des Verkehrs nach anderen Rheinübergängen wieder ausgeglichen und eine Rückwanderung des Verkehrs eingetreten sein wird.

Die Realisierung des im Verkehrsplan vorgesehenen Straßennetzes sowohl in bezug auf die Anpassung an die innerstädtischen als auch an die Bedürfnisse des Fernverkehrs wird eine unerläßliche Vorbedingung sein, diese Rückverlagerung zu fördern. Da der Aus- bzw. Neubau der für den Fernverkehr bestimmten Straßenzüge naturgemäß im Einklang mit den finanziellen Möglichkeiten der Stadt stehen muß, sieht die Planung die Ausführung in Teilabschnitten vor. Die Auswahl und Begrenzung der einzelnen Bauabschnitte muß daher und kann so erfolgen, daß ihr etappenweiser Ausbau jeweils eine sinnvolle Ergänzung bzw. Verbesserung des Gesamtnetzes auf das erstrebte Endziel bewirkt.

INHALT

WORTE DER BEGRÜSSUNG 5
    Der Bundesminister für Verkehr
    Der Hessische Ministerpräsident
    Der Ministerpräsident von Rheinland-Pfalz
    Der Hessische Minister für Arbeit und Wirtschaft
    Der Staatssekretär im Ministerium für Arbeit und Wirtschaft
        von Rheinland-Pfalz
    Der Oberbürgermeister der Stadt Worms

Dr. FRIEDRICH M. JLLERT, Stadtarchivar, Worms
    Der Wormser Rheinübergang in seiner geschichtlichen Bedeutung . 17

Dipl. Ing. Dr. Dr. ERNST F. WAHL, Regierungsbaudirektor, Koblenz
    Die Nibelungenbrücke in Worms, ein Markstein in der Entwicklung
    der Brückenbaukunst und ein Bekenntnis zum technischen Fortschritt 31

Dr. Ing. e. h. Dr. Ing. U. FINSTERWALDE und Dr. Ing. G. KNITTEL, München
    Die neue Spannbetonbrücke über den Rhein in Worms 37

Professor Dr. Ing. ALFRED MEHMEL und Dr. Ing. HUBERT BECK, Darmstadt
    Ein Beitrag zum Problem des zweistegigen symmetrischen Plattenbalkens unter einseitiger Belastung 55

Dipl. Ing. GERD LOHMER, Architekt BDA, Köln
    Die architektonische Gestaltung der Nibelungenbrücke in Worms . 71

Dipl. Ing. Dr. Dr. ERNST F. WAHL, Regierungsbaudirektor, Koblenz
    Lebenslauf und technische Merkmale der Straßenbrücke
    über den Rhein in Worms 75

Dipl. Ing. HEINRICH VOGT, Stadtbaurat, Worms
    Die Nibelungenbrücke und ihre Beziehung zur Verkehrsplanung . 79

Mit der Herausgabe beauftragt: Stadtarchivar Dr. Friedrich M. Jllert, Worms
Fotos: Dyckerhoff & Widmann (4), Städtische Kulturinstitute Worms (26)
Gestaltung: Buchdruckerei Erich Norberg, Worms

MIX
Papier aus verantwortungsvollen Quellen
Paper from responsible sources
FSC® C105338

If you have any concerns about our products,
you can contact us on
ProductSafety@springernature.com

In case Publisher is established outside the EU,
the EU authorized representative is:
**Springer Nature Customer Service Center GmbH
Europaplatz 3, 69115 Heidelberg, Germany**

Printed by Libri Plureos GmbH
in Hamburg, Germany